4
1969

Faserforschung und Textiltechnik

WISSENSCHAFTLICH-TECHNISCHE ZEITSCHRIFT FÜR DIE CHEMIEFASER- UND TEXTILINDUSTRIE

BEGRUNDET VON ERICH CORRENS UND WALTER FRENZEL

AUS DEM INHALT

AKADEMIE-VERLAG BERLIN

Faserforsch. u. Textiltechnik • 20. Jahrg. • Heft 4 • Seiten 163—210 • Berlin im April 1969

DK 678.742.3:678.7.029.73:536.4:539.26

Teichgräber, Michael, und *Schilling, Bernhard*

Die übermolekulare Struktur hochpolymerer Verbindungen

Teil VI: Quantitativer Nachweis von Linienverbreiterungen im Röntgendiffraktogramm von Polypropylen

Faserforsch. u. Textiltechnik **20** (1969) 4, S. 163—169. 6 Abb., 3 Tab., 2 Lit.

Ein früher beschriebenes Fourierverfahren zur Bestimmung von Linienverbreiterungen im Röntgenstreudiagramm wird auf isotaktisches Polypropylen (Blockmaterial) angewendet. Temperserien zweier verschiedener Ausgangsmaterialien werden untersucht, und es wird nachgewiesen, daß unabhängig von der Temperatur die experimentell gefundenen Verbreiterungsfunktionen stets ein symmetrisches Lorentzprofil besitzen und der Kristallinitätsgrad während der Temperung konstant bleibt.

DK 678.745.32:541.6:541.124:541.651:536.4

Ulbricht, Joachim, und *Makschin, Werner*

Untersuchungen zur thermischen Verfärbung des Polyacrylnitrils

Faserforsch. u. Textiltechnik **20** (1969) 4, S. 170—178. 8 Abb., 8 Tab., 47 Lit.

Zur Bestätigung der für die thermische Verfärbung des Polyacrylnitrils abgeleiteten intramolekularen Cyclisierungsreaktion der Nitrilgruppen unter Bildung eines Chromophors aus konjugierten C=N-Bindungen wird der Einfluß struktureller und äußerer Parameter auf den Verlauf der Verfärbung diskutiert. Diese Umwandlung steht in keinem direkten Zusammenhang mit den Pyrolysereaktionen des Polymeren, die erst oberhalb 250°C beginnen. Bei Luftzutritt sind wenigstens zwei Reaktionen am Zustandekommen der Verfärbung beteiligt. Die wesentlichen Initiatoren der Verfärbung sind die sauren Endgruppen der Polymeren und Strukturanomalien, z. B. Keteniminbindungen oder deren Folgeprodukte, die beim Abbruch der Polymerisationsreaktion entstehen. Die Verfärbung des Polyacrylnitrils ist nicht an die Anwesenheit von Sauerstoff gebunden, wird aber durch ihn stark beschleunigt.

DK 547.494.254.07:541.124:543.253:547.26:547.455

Philipp, Burkart, *Dautzenberg, Horst*, und *Schmiga, Willi*

Zur Kinetik der Xanthogenatbildung und -zersetzung bei einigen niedermolekularen Alkoholen und einfachen Zuckern

Teil II: Ergebnisse zur Xanthogenatzersetzung und zusammenfassende Diskussion

Faserforsch. u. Textiltechnik **20** (1969) 4, S. 179—184. 4 Abb., 3 Tab., 12 Lit.

Mit Hilfe einer polarographischen Methode wurde die Zersetzungsgeschwindigkeit der Xanthogenate verschiedener Alkohole und Zucker im alkalischen Bereich gemessen und zur Bildungsgeschwindigkeit der Xanthogenate in Beziehung gesetzt. Der unter Mitwirkung von Wassermolekeln unter CS_2-Abspaltung verlaufende Zerfall kann formal als Umkehrung der Bildungsreaktion angesehen und somit der Quotient der Geschwindigkeitskonstanten aus Hin- und Rückreaktion als Maß für die Stabilität eines Xanthogenats verwendet werden. Diese Stabilitätskonstante, wie auch die einzelnen Geschwindigkeitskonstanten, werden nach dem hier vorliegenden Versuchsmaterial vor allem durch die Acidität der alkoholischen Hydroxylgruppe bestimmt.

DK 547.261'584:[542.92:536.495]:547.422.22:541.124

Zimmermann, Heinz, und *Schaaf, Eckehart*

Zur thermischen Stabilität von Terephthalsäuredimethylester

Faserforsch. u. Textiltechnik **20** (1969) 4, S. 185—190. 7 Abb., 3 Tab., 14 Lit.

In Laborversuchen wurde anhand der Carboxylgruppenzunahme und der Verfärbung untersucht, in welchem Umfang bei einem mehrtägigen Aufbewahren von Terephthalsäuredimethylester im geschmolzenen Zustand eine thermische Schädigung des Esters erfolgt und wie sich durch Abbaureaktion gebildete Carboxylgruppen auf die Umesterungsgeschwindigkeit des Terephthalsäuredimethylesters mit Äthylenglykol auswirken.

DK 677.494:667.622:539.612:537.3.083

Jacobasch, Hans-Jörg

Elektrokinetische Untersuchungen an Faserstoffen

Faserforsch. u. Textiltechnik **20** (1969) 4, S. 191—196. 2 Abb., 2 Tab., 40 Lit.

Nach einer Erläuterung der Begriffe wird eine Literaturübersicht über die Anwendung elektrokinetischer Messungen in der Textilchemie gegeben. Mit der Erniedrigung des ζ-Potentials synthetischer Faserstoffe ist eine Verringerung der Haftkräfte zwischen Faserstoffen und trockenen Pigmenten verbunden. Messungen des ζ-Potentials lassen sich daher zu vergleichenden Messungen faserstoffspezifischer Haftkräfte heranziehen.

Kurze Mitteilungen

DK 677.494:53.083:677.494.061.7

Kaufmann, Siegfried

Mikrohärtemessung an zylindrischen Fasern und Elementarfäden

Faserforsch. u. Textiltechnik **20** (1969) 4, S. 197—198. 1 Abb., 3 Lit.

DK 678.675—493:546.212:543.24:543.812.2:531.787

Dietrich, Klaus

Zur manometrischen Wasserbestimmung in Polyamidschnitzeln

Faserforsch. u. Textiltechnik **20** (1969) 4, S. 198—199. 1 Abb., 2 Tab., 3 Lit.

DK 061.3.055.1"1968":677.4:001.891(430.2)

Jahreskolloquien des Institutes für Textiltechnologie der Chemiefasern Rudolstadt 1968

Faserforsch. u. Textiltechnik **20** (1969) 4, S. 199—201. 2 Lit.

Neue Bücher S. 201—205.

Patentschau S. 205—207.

Literaturschau S. 207—210.

Die Zeitschrift „Faserforschung und Textiltechnik“ erscheint monatlich in Heften zu 48 Textseiten im Format A 4. Der Preis für das Einzelheft beträgt M 15,– (Sonderpreis für DDR M 9,–), für den Vierteljahrbezug M 45,– (Sonderpreis für DDR M 27,–), zuzügl. Bestellgeld. Die Berechnung erfolgt zu Beginn eines Vierteljahrs für 3 Hefte. Bestellungen aus dem Gebiet der Deutschen Demokratischen Republik an ein Postamt, eine Buchhandlung oder den Verlag, aus der Deutschen Bundesrepublik an eine Buchhandlung oder die Auslieferungsstelle Kunst und Wissen, Erich Bieber, 7 Stuttgart 1, Wilhelmstraße 4–6, aus dem Ausland an eine Importbuchhandlung, den Deutschen Buch-Export und -Import GmbH., 701 Leipzig, Postschließfach 276, oder den Akademie-Verlag GmbH., 108 Berlin, Leipziger Str. 3–4 (Fernruf: 220441; Telex-Nr. 0112020; Postscheckkonto 35021) erbeten. Bestellnummer dieses Heftes: 1014/20/4. Alleinige Anzeigenannahme DEWAG-WERBUNG, 102 Berlin, Rosenthaler Str. 28/31, und alle DEWAG-Betriebe in den Bezirksstädten der DDR. – Bestellungen in der UdSSR nehmen entgegen: Städtische Abteilungen von „SOJUZPECHATJ“ bzw. Postämter und Postkontore.

Herausgeber und verantwortlich für den Inhalt: Prof. Dr. Erich Correns, Institut für Faserstoff-Forschung der Deutschen Akademie der Wissenschaften zu Berlin, 153 Teltow-Seehof, Fernruf: Teltow 4831; Prof. Dr.-Ing. habil. Wolfgang Bobeth, Institut für Technologie der Fasern der Deutschen Akademie der Wissenschaften zu Berlin, 801 Dresden, Hohe Str. 6, Fernruf: 44721; Prof. Dr.-Ing. Hans Böhringer, Institut für Textiltechnologie der Chemiefasern Rudolstadt, Fernruf: Rudolstadt 2031; Prof. Dr. Hermann Klare, Prof. Dr. habil. Burkart Philipp und Dr. Christian Ruscher, Institut für Faserstoff-Forschung der Deutschen Akademie der Wissenschaften zu Berlin, 153 Teltow-Seehof, Fernruf: Teltow 4831. Schriftleiter: Joachim Brämer und Dipl.-Chem. Ingeborg Ruscher, 153 Teltow-Seehof, Kantstr. 55. Verlag: Akademie-Verlag GmbH., 108 Berlin, Leipziger Str. 3–4. Satz und Druck: Druckhaus „Maxim Gorki“, 74 Altenburg. – Veröffentlicht unter der Lizenznummer 1280 des Presseamtes beim Vorsitzenden des Ministerrates der Deutschen Demokratischen Republik.

Manuskriptsendungen sind an einen der Herausgeber oder die Schriftleitung zu richten. Für Inhalt und Form gelten die „Richtlinien für die Annahme und Abfassung von Beiträgen“, erhältlich von der Schriftleitung. Die Verfasser größerer wissenschaftlicher Arbeiten erhalten außer dem Honorar ein Heft und 50 Sonderdrucke ihrer Arbeit unentgeltlich.

Faserforschung und Textiltechnik

WISSENSCHAFTLICH-TECHNISCHE ZEITSCHRIFT FÜR DIE CHEMIEFASER- UND TEXTILINDUSTRIE

Band 20 April 1969 Heft 4

Die übermolekulare Struktur hochpolymerer Verbindungen

Teil VI: Quantitativer Nachweis von Linienverbreiterungen im Röntgendiffraktogramm von Polypropylen¹)

Michael Teichgräber und Bernhard Schilling

Deutsche Akademie der Wissenschaften zu Berlin, Institut für Faserstoff-Forschung in Teltow-Seehof

DK 678.742.3:678.7.029.73:536.4:539.26

Ein früher beschriebenes Fourierverfahren zur Bestimmung von Linienverbreiterungen im Röntgenstreudiagramm wird auf isotaktisches Polypropylen (Blockmaterial) angewendet. Temperserien zweier verschiedener Ausgangsmaterialien werden untersucht, und es wird nachgewiesen, daß unabhängig von der Temperatur die experimentell gefundenen Verbreiterungsfunktionen stets ein symmetrisches Lorentzprofil besitzen und der Kristallinitätsgrad während der Temperung konstant bleibt.

Надмолекулярная структура высокополимеров
Часть VI. Количественное доказательство расширения линий в рентгенограмме полипропилена

Показано применение ранее разработанного метода Фурье для количественного определения расширения линий в рентгенограмме изотактического блочного полипропилена. Было проведено исследование двух различных исходных образцов, подвергнутых отжигу при различных температурах. Показано, что экспериментально найденные функции расширения всегда обладают симметрическим профилем Лорентца независимо от температуры отжига и что степень кристалличности в процессе отжига не изменяется.

The Supermolecular Structure of Polymers
Part VI. Quantitative Determination of the Line Broadening in X-Ray Diagrams of Polypropylene

A Fourier method, reported previously, for determining the line broadening in X-ray diffraction experiments was applied to isotactic bulk polypropylene. Investigations with two series of annealed samples of different origin resulted in broadening functions having symmetric Lorentz profiles irrespective of the annealing temperature applied. The degree of crystallinity is shown to be unaffected by annealing.

1. Einführung

In den vorangegangenen Teilen I bis V [1] wurde ein neuartiges Fourierverfahren abgeleitet, mit dem es grundsätzlich möglich ist, die Röntgenstreukurven von partiell kristallisierenden Polymeren mit Zweiphasenstruktur quantitativ auszuwerten. Dieses Verfahren beruht darauf, die *Fourierkoeffizienten* der Streukurven von zwei unterschiedlich gut geordneten Proben des gleichen Polymeren zueinander in Beziehung zu setzen. Auf diese Weise ist es möglich, den Kristallinitätsgrad wie auch alle solche Einflüsse quantitativ zu erfassen, die zu einer Änderung der Linienschärfe führen (in erster Linie also die Einflüsse von Teilchengröße und gewissen Gitterstörungen).

Zur Überprüfung des Fourierverfahrens auf seine praktische Verwendbarkeit hin wurde bisher eine Reihe synthetischer Modellbeispiele durchgerechnet. Diese Modellrechnungen führten zu wichtigen Hinweisen bezüglich der praktischen Anwendbarkeit des Fourierverfahrens, der zu erwartenden Genauigkeit, des Rechenaufwandes u. ä. m. Eine Anwendung des Verfahrens für die Analyse experimenteller Streukurven von Polymeren stand jedoch noch aus.

In der vorliegenden Arbeit wird nun versucht, den Teil der Theorie des Fourierverfahrens, der sich auf den quantitativen Nachweis von *Linienverbreiterungen* bezieht, erstmals für die Analyse experimenteller Streukurven von Polypropylen heranzuziehen. Unter Hinweis auf Formeln und Ableitungen der allgemeinen Theorie, die in den vorangegangenen Teilen I bis IV dargelegt wurden, werden die wichtigsten Ergebnisse in gedrängter Form zusammengestellt. Auf die Theorie selbst wird dabei nur insoweit eingegangen, als die Auswertung des vorliegenden experimentellen Materials ergänzende Zusatzüberlegungen notwendig macht.

2. Messung der Streukurven und Bestimmung ihrer Fourierkoeffizienten

2.1. Experimentelle Aufnahmetechnik

Bei der Aufnahme der Röntgenstreukurven müssen an die experimentelle Aufnahmetechnik sehr hohe Anforderungen gestellt werden, sowohl was Konstanz und Monochromasie der Primärstrahlung betrifft als auch die Registrierung der gestreuten Röntgenintensität. Anderenfalls ist es nicht möglich, mit dem Fourierverfahren befriedigende Ergebnisse zu erzielen.

Es wurde mit Sorgfalt darauf geachtet, daß sämtliche Streukurven unter möglichst identischen Aufnahmeverhältnissen registriert wurden. Dies wurde erreicht, indem einmal stets die gleiche Probenform gewählt und zum anderen Betriebsspannung und -strom der Röntgenröhre reproduzierbar auf konstanten Werten gehalten wurden. Die Einhaltung dieser Bedingungen ist bei der später noch durchzuführenden Bestimmung des absoluten Kristallinitätsgrades von wesentlicher Bedeutung.

Experimentelle Ausrüstung: Als Röntgengenerator Verwendung einer vollstabilisierten Anlage Typ TuR M 61 (VEB Transformatoren- und Röntgenwerk Dresden); Fehlergrenze für die Röhrenstrom/Röhrenspannungs-Stabilisierung $\pm 0{,}2\%$; Wellenlänge der Primärstrahlung 1,54 Å entsprechend CuKα-Strahlung; Röhrenspannung 40 kV und Röhrenstrom 19 mA.

¹) Teil V s. [1].

Registrierung der Streustrahlung: Aufnahme sämtlicher Diffraktogramme mit Horizontalzählrohrgoniometer HZG 1 (VEB Freiberger Präzisionsmechanik) in Verbindung mit einem Proportionalzählrohr VA-Z-522 (VEB Vakutronik, Dresden); Messung der Intensität durch Impulszählung mit fester Zeitvorwahl von 3 min für jeden eingestellten Winkelwert; Variation des Beobachtungswinkels mittels Schrittschaltautomatik einheitlich im Bereich von 10 bis 28° (2ϑ) jeweils in Winkelschritten von 0,053° (2ϑ); durchschnittliche Impulszählrate $\lesssim 25 \cdot 10^3$ Imp./min.

Um eine ausreichende Monochromasie der Röntgenstrahlung zu gewährleisten, wurden sämtliche Streukurven nacheinander mit entsprechend abgeglichenen Ni- und Co-Filtern nach dem *Ross*schen Filterdifferenzverfahren [2] aufgenommen. Diese Registrierung erfolgte vollautomatisch, insofern nach jedem Zählvorgang selbsttätig das Zählergebnis ausgedruckt wurde, Filterwechsel erfolgte, das Zählrohr nach jedem zweiten Zählvorgang um einen vorwählbaren Winkelschritt verstellt und schließlich der nächste Zählvorgang ausgelöst wurde.

2.2. *Aufnahme der Streukurven*

Für die Aufnahme der Streukurven standen uns zwei Polypropylensubstanzen unterschiedlicher Herkunft zur Verfügung. Bei der einen Substanz handelte es sich um ein industriell hergestelltes Granulat (im folgenden als Ind.-Substanz bezeichnet), das uns freundlicherweise vom Forschungsinstitut für Chemiefasern, Svit/ČSSR zur Verfügung gestellt wurde; bei der anderen Substanz um ein Laborprodukt mit einer gummiähnlichen Beschaffenheit, zur Verfügung gestellt vom Institut für die Kunststoffindustrie, Budapest/VR Ungarn.

Beide Polypropylensubstanzen wurden zunächst in einer speziellen Probenhalterung je 15 min lang aufgeschmolzen, und zwar die Ind.-Substanz bei 230 °C, die Labor-Substanz bei der etwas niedrigeren Temperatur von 210 °C, und anschließend in einer Alkohol/Trockeneis-Mischung abgeschreckt. Die so erhaltenen Proben wurden dann nacheinander 10 min lang bei den in Tabelle 1 angegebenen Temperaturen getempert.

Nach jeder Temperstufe wurden die Proben langsam auf Zimmertemperatur abgekühlt und die Röntgenstreukurven aufgenommen. Auf diese Weise wurden jeweils von ein und derselben Probe vier Streudiagramme für die nachfolgende Auswertung gewonnen (vgl. Bild 1).

Es gehört zu den Vorteilen des Fourierverfahrens, daß Korrekturen bezüglich inkohärenter Streustrahlung, *Lorentz-*

Tabelle 1. Zur Herstellung von Proben unterschiedlichen Ordnungszustandes

Probenherkunft	Ind.-Substanz				Labor-Substanz			
Probenbezeichnung	A	B	C	D	E	F	G	H
Tempertemperatur [°C]	65	95	125	155	50	80	110	140

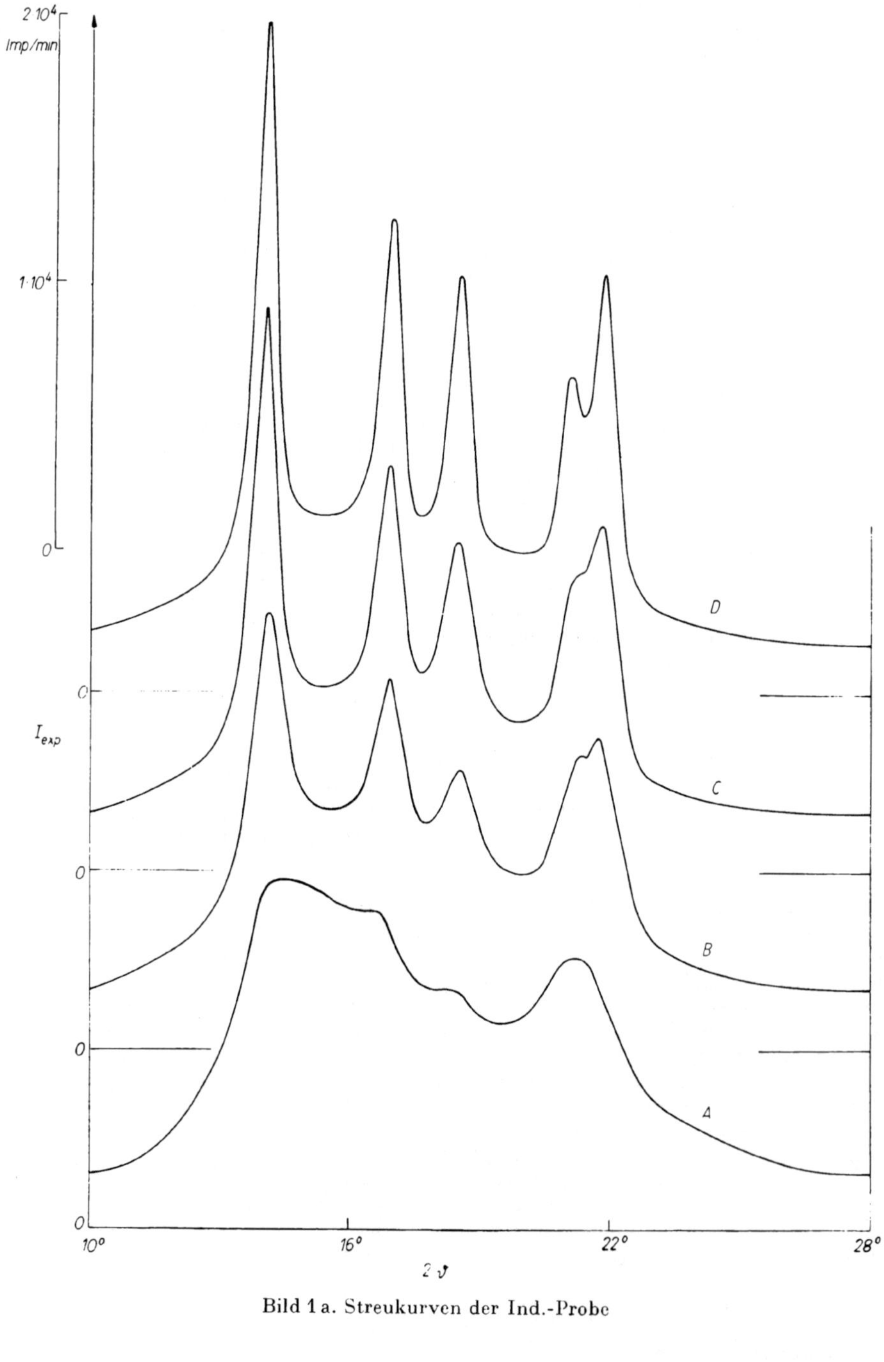

Bild 1a. Streukurven der Ind.-Probe

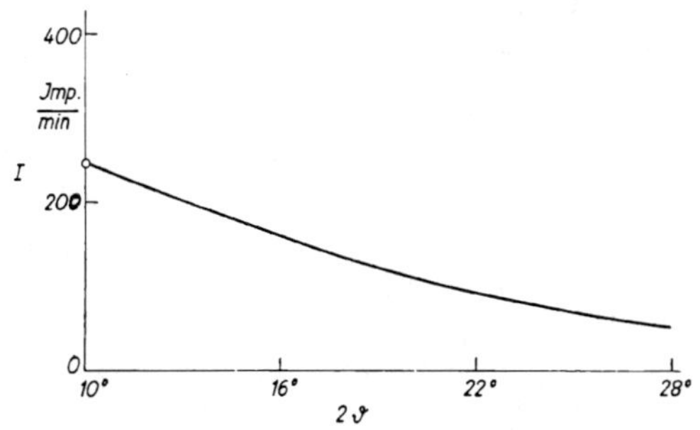

Bild 2. Verlauf der Luftstreuung

Faktor und Absorptionsfaktor nicht notwendig sind — vgl. Teil I, Abschnitt 5. Lediglich der Wert der Luftstreuung an der unteren Intervallgrenze $2\vartheta = 10°$ geht in die Auswertung ein. Dieser Wert wurde einer experimentell bestimmten Luftstreukurve entnommen, die in Bild 2 dargestellt ist.

2.3. *Fourieranalyse der Streukurven*

Die Berechnung der Fourierkoeffizienten zu den in den Bildern 1a und 1b dargestellten Streukurven I_{exp} erfolgte an einem Rechenautomaten ZRA 1. Hierbei wurden in Übereinstimmung mit der letzten Gleichung von (I. 7)[2]) die folgenden Formeln zugrunde gelegt:

$$\delta = \int_0^1 I_{\text{exp}}\, dx;$$

$$c_\nu = \frac{1}{\delta} \int_0^1 I_{\text{exp}} \cos 2\pi\nu x\, dx, \quad (\nu = 0, 1, 2, \ldots), \quad (1)$$

$$\bar{c}_\nu = \frac{1}{\delta} \int_0^1 I_{\text{exp}} \sin 2\pi\nu x\, dx.$$

Bezüglich der Definition der dimensionslosen Variablen x siehe Gleichung (I. 2). Die so erklärten Zahlen c_ν, $\bar{c}_\nu$ stellen bereits die Fourierkoeffizienten der entsprechend Gleichung (I. 3) normierten Streukurven I dar:

$$I = 1 + 2 \sum_{\nu=1}^{\infty} (c_\nu \cos 2\pi\nu x + \bar{c}_\nu \sin 2\pi\nu x). \quad (2)$$

Die Tabellierung der Streukurven I_{exp} erfolgte einheitlich für 450 äquidistante Stützpunkte $x_n = n/450$ ($n = 0, 1, \ldots, 450$). Die berechneten Fourierkoeffizienten sowie die Normierungsfaktoren δ sind in Tabelle 2 zusammengestellt.

3. *Bestimmung der Verbreiterungsfunktionen* $g(x)$

Es seien c_ν und c'_ν die Fourierkosinuskoeffizienten, $\bar{c}_\nu$ und $\bar{c}_\nu'$ die Fouriersinuskoeffizienten und β sowie β' die Parameter für den Kristallinitätsgrad der beiden jeweils zu vergleichenden Proben. Mit der bereits früher eingeführten Abkürzung $k_1 = \beta/\beta'$ sowie den beiden wie folgt definierten Hilfsfunktionen

$$\Phi_1 = \ln \frac{c_\nu c_\nu' + \bar{c}_\nu \bar{c}_\nu'}{c_\nu^2 + \bar{c}_\nu^2}, \quad (c_\nu^2 + \bar{c}_\nu^2 > 0)$$

$$\Phi_2 = \ln \frac{c_\nu \bar{c}_\nu' - \bar{c}_\nu c_\nu'}{c_\nu^2 + \bar{c}_\nu^2} \quad (3)$$

folgt nach Gleichung (III. 8) unmittelbar als Bestimmungsgleichung für die Fourierkosinus- und Fouriersinuskoeffizienten d_ν und $\bar{d}_\nu$ der gesuchten Verbreiterungsfunktion $g(x)$:

$$d_\nu = k_1 \cdot e^{\Phi_1},$$

$$\bar{d}_\nu = k_2 \cdot e^{\Phi_2}. \quad (4)$$

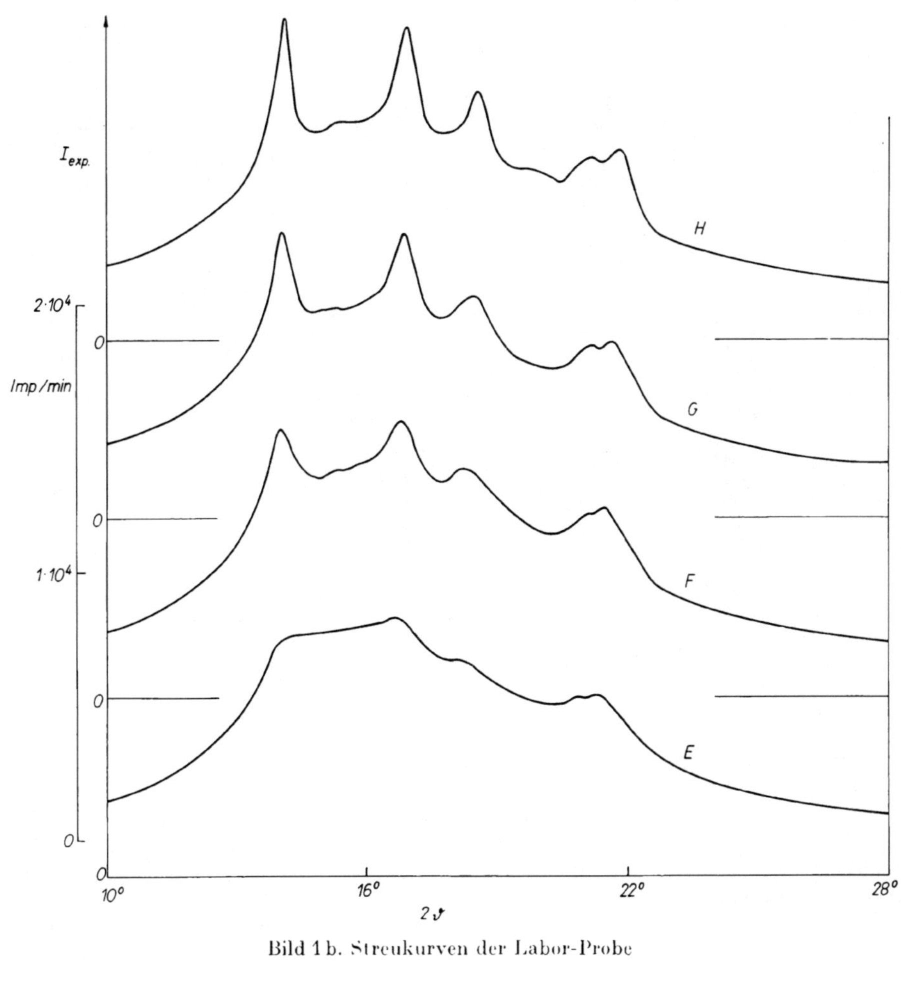

Bild 1b. Streukurven der Labor-Probe

[2]) Bei Zitaten von Gleichungen aus den dieser Arbeit vorangegangenen Teilen I bis IV wird der Gleichungsnummer die entsprechende römische Ziffer vorgesetzt.

Gleichungsnummern, die sich auf den vorliegenden Teil VI beziehen, erhalten keine zusätzliche Kennzeichnung.

Tabelle 2. Fourierkoeffizienten der normierten Streukurven

ν	Ind.-Substanz							
	A		B		C		D	
	c_ν	$\bar{c}_\nu$	c_ν	$\bar{c}_\nu$	c_ν	$\bar{c}_\nu$	c_ν	$\bar{c}_\nu$
0	1,0000	0,0000	1,0000	0,0000	1,0000	0,0000	1,0000	0,0000
1	−0,5607	0,4089	−0,5605	0,3773	−0,5635	0,3696	−0,5839	0,3831
2	−0,2441	−0,0001	−0,1844	0,0378	−0,1641	0,0775	−0,1774	0,1014
3	0,1032	−0,1876	0,0947	−0,1440	0,0523	−0,1461	0,0611	−0,1371
4	−0,0108	0,0009	−0,0304	−0,1332	−0,0447	−0,2355	−0,0414	−0,2689
5	0,0537	0,0719	0,1145	0,1817	0,1925	0,2471	0,2072	0,2984
6	−0,0217	−0,0217	−0,0227	0,0258	−0,0110	0,0530	−0,0061	0,0624
7	−0,0430	−0,0002	−0,1632	−0,0652	−0,2708	−0,0557	−0,3147	−0,0723
8	0,0381	−0,0211	0,1107	−0,0374	0,1435	−0,0983	0,1755	−0,1132
9	0,0019	0,0112	0,0242	0,0283	0,0673	0,0295	0,0806	0,0615
10	−0,0066	0,0052	−0,0182	0,0084	−0,0096	0,0152	−0,0116	−0,0045
11	0,0012	0,0071	−0,0269	0,0489	−0,0406	0,1256	−0,0669	0,1816
12	−0,0145	−0,0084	−0,0234	−0,0766	−0,0800	−0,1413	−0,0924	−0,2023
13	0,0115	−0,0068	0,0569	0,0046	0,1052	−0,0269	0,1595	−0,0218
14	0,0018	0,0069	−0,0158	0,0387	−0,0045	0,0768	−0,0440	0,1063
15	−0,0040	0,0003	−0,0090	−0,0054	−0,0040	0,0106	0,0297	0,0211
16	−0,0001	−0,0016	−0,0112	−0,0127	−0,0518	−0,0211	−0,0994	−0,0435
17	0,0004	−0,0005	0,0058	−0,0053	0,0066	−0,0240	0,0195	−0,0218
18	−0,0003	−0,0020	0,0185	0,0031	0,0577	−0,0077	0,0966	−0,0094
19	0,0033	0,0035	−0,0140	0,0159	−0,0185	0,0439	−0,0414	0,0615
20	−0,0045	0,0010	−0,0106	−0,0110	−0,0392	−0,0002	−0,0667	0,0075
δ	1,008		0,978		0,931		0,934	

Tabelle 2 (Fortsetzung)

ν	Labor-Substanz							
	E		F		G		H	
	c_ν	$\bar{c}_\nu$	c_ν	$\bar{c}_\nu$	c_ν	$\bar{c}_\nu$	c_ν	$\bar{c}_\nu$
0	1,0000	0,0000	1,0000	0,0000	1,0000	0,0000	1,0000	0,0000
1	−0,4444	0,3771	−0,4865	0,3874	−0,4510	0,4082	−0,4690	0,3841
2	−0,1254	−0,0360	−0,1164	−0,0361	−0,1145	−0,0154	−0,1001	−0,0163
3	0,0448	−0,0559	0,0258	−0,0561	0,0287	−0,0358	0,0192	−0,0467
4	−0,0163	0,0012	−0,0221	−0,0440	−0,0217	−0,0568	−0,0188	−0,0593
5	0,0214	0,0339	0,0515	0,0573	0,0634	0,0719	0,0652	0,0866
6	−0,0075	0,0034	−0,0015	0,0173	−0,0028	0,0278	−0,0134	0,0293
7	−0,0294	0,0019	−0,0695	−0,0025	−0,0819	−0,0106	−0,0827	−0,0266
8	0,0198	−0,0105	0,0372	−0,0264	0,0490	−0,0266	0,0535	−0,0182
9	0,0021	0,0088	0,0098	0,0085	0,0117	0,0219	0,0121	0,0175
10	−0,0043	0,0066	−0,0049	0,0079	−0,0061	0,0014	0,0038	0,0014
11	0,0022	0,0066	−0,0006	0,0232	−0,0077	0,0406	−0,0226	0,0616
12	−0,0110	−0,0024	−0,0247	−0,0190	−0,0305	−0,0367	−0,0304	−0,0670
13	0,0076	−0,0011	0,0214	−0,0094	0,0375	−0,0058	0,0546	0,0065
14	0,0016	0,0070	0,0031	0,0194	−0,0026	0,0307	−0,0173	0,0368
15	−0,0037	0,0018	−0,0077	0,0003	−0,0090	0,0023	−0,0012	−0,0021
16	0,0000	0,0026	−0,0033	0,0022	−0,0099	−0,0014	−0,0142	−0,0047
17	−0,0011	−0,0006	−0,0016	−0,0060	−0,0004	−0,0061	−0,0019	−0,0038
18	0,0019	0,0009	0,0070	0,0003	0,0177	−0,0006	0,0299	−0,0064
19	0,0010	0,0039	0,0018	0,0090	−0,0044	0,0229	−0,0126	0,0339
20	−0,0016	0,0023	−0,0073	−0,0000	−0,0153	−0,0038	−0,0251	−0,0138
δ	0,846		0,828		0,795		0,820	

Bezüglich der Definition der Verbreiterungsfunktion $g(x)$ wird auf die Gleichungen (III. 2) und (III. 5) verwiesen.

3.1. *Bestimmung der Koeffizienten d_ν*

Es sind bekanntlich d_ν die Koeffizienten des symmetrischen Anteils $g_1(x)$ der Verbreiterungsfunktion $g(x)$. Zu ihrer Bestimmung wurde zunächst Φ_1 über ν für verschiedene Kombinationen der Streukurven aufgetragen (siehe Bilder 3a und 3b).

Man erhält bei dieser speziellen Auftragung für jede der gewählten Kurvenkombinationen stets eine *Gerade*, die durch den Nullpunkt des Diagramms geht. Lediglich die Neigung der Geraden ist für die einzelnen Kurvenkombinationen verschieden. (Zur Kennzeichnung der Geraden: Man erhält beispielsweise die mit C/D

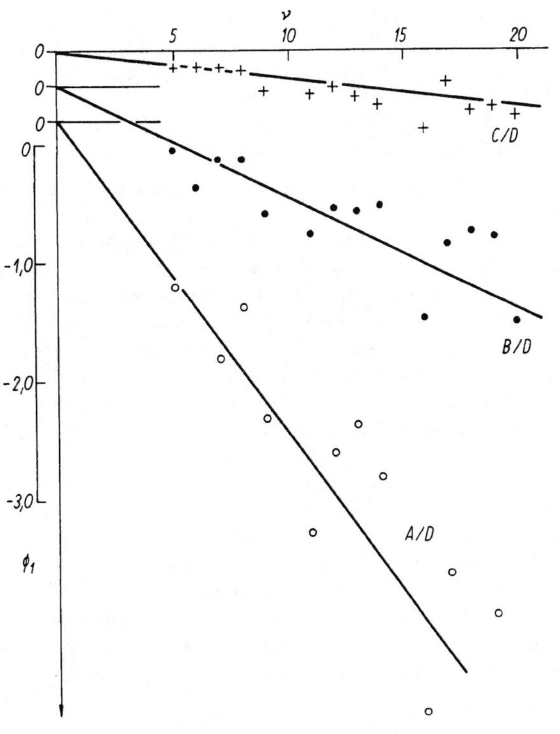

Bild 3a. Φ_1 als Funktion von ν für die angegebenen Streukurvenkombinationen der Ind.-Probe

bezeichnete Gerade, falls nach Tabelle 1 bei der Berechnung von Φ_1 für c_ν, $\bar{c}_\nu$ die Koeffizienten der Probe D und für c_ν', $\bar{c}_\nu'$ die der Probe C eingesetzt werden.)

3.2. *Bestimmung der Koeffizienten* $\bar{d}_\nu$

Es sind $\bar{d}_\nu$ die Koeffizienten des asymmetrischen Anteils $g_2(x)$ der Verbreiterungsfunktion $g(x)$.

Entsprechend dem Ansatz (IV. 24) ist $\bar{d}_\nu/\nu$ gemäß Gleichung (IV. 23) über ν aufzutragen. $\bar{d}_\nu/\nu$ ist mit der Hilfsfunktion Φ_2 wie folgt verknüpft [siehe Gleichung (4)]:

$$\frac{\bar{d}_\nu}{\nu} = \frac{k_1}{\nu} \cdot e^{\Phi_2} = \frac{k_1}{\nu} \cdot \frac{c_\nu \bar{c}_\nu' - \bar{c}_\nu c_\nu'}{c_\nu^2 + \bar{c}_\nu^2}. \tag{5}$$

Trägt man gemäß dieser Beziehung $1/\nu \cdot e^{\Phi 2}$ als Funktion von ν auf, so erhält man eine Folge von Punkten, die sich ab $\nu \geqq 5$ dicht um die ν-Achse verteilen (siehe Bilder 4a und 4b). Hieraus ergibt sich sofort, daß $\bar{d}_\nu = 0$ für alle ν zu setzen ist.

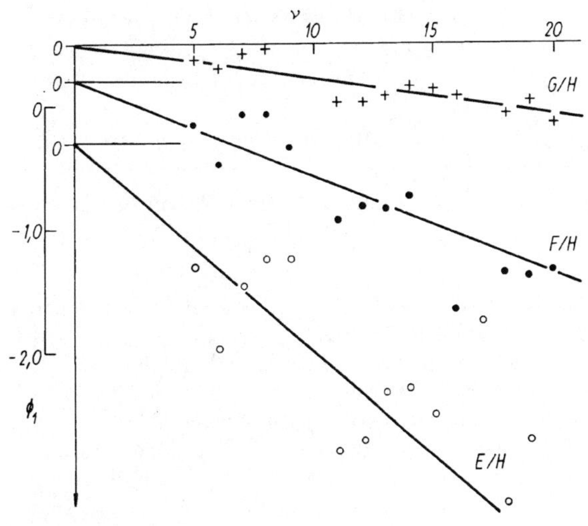

Bild 3b. Φ_1 als Funktion von ν für die angegebenen Streukurvenkombinationen der Labor-Probe

(Die größere Streuung der Diagrammpunkte in Bild 4b erklärt sich daraus, daß die Fourierkoeffizienten der Labor-Probe durchweg kleiner sind als die der Ind.-Probe und damit entsprechend empfindlicher gegenüber Fehlereinflüssen bei ihrer Bestimmung).

3.3. *Diskussion der Verbreiterungsfunktion* $g(x)$

Welche Rückschlüsse sind nun aus den Auftragungen in den Bildern 3 und 4 möglich? Zunächst folgt aus dem Umstand $\bar{d}_\nu = 0$, daß bei den untersuchten Polypropylenproben als Folge der Temperung nur *symmetrische* Linienverbreiterungen auftreten und daß überdies die deutlich erkennbaren Linienverschiebungen in den Streudiagrammen der Bilder 1a und 1b ebenfalls allein eine Folge dieser Linienverbreiterungen sind. Wäre dem nicht so, würde sich dies deutlich in einem *Nichtverschwinden* der Koeffizienten $\bar{d}_\nu$ bemerkbar machen.

Weiter folgt aus dem linearen Verlauf von Φ_1 über ν, daß die Verbreiterungsfunktionen $g(x) \equiv g_1(x)$ ein *Lorentzprofil* besitzen. Aus dem Umstand, daß die Φ_1-Geraden um so steiler verlaufen, je größer der Unterschied zwischen den Temperaturen der Vergleichsprobe ist, ergibt sich eine Abnahme *linienverbreiternder Einflüsse* (Teilchengröße, Gitterstörungen) mit steigender Tempertemperatur.

Weiterhin ist von Bedeutung, daß für beide Polypropylensubstanzen sämtliche Φ_1-Geraden durch den Nullpunkt gehen. Nach Abschnitt 4.1 in Teil IV ist

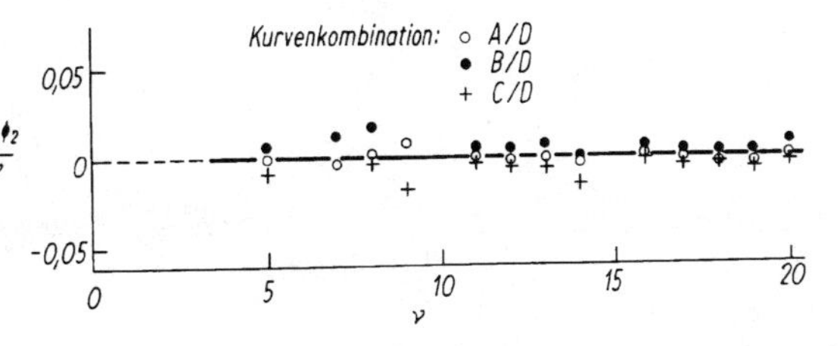

Bild 4a. Zur Berechnung von Φ_2 für die angegebenen Streukurvenkombinationen der Ind.-Probe

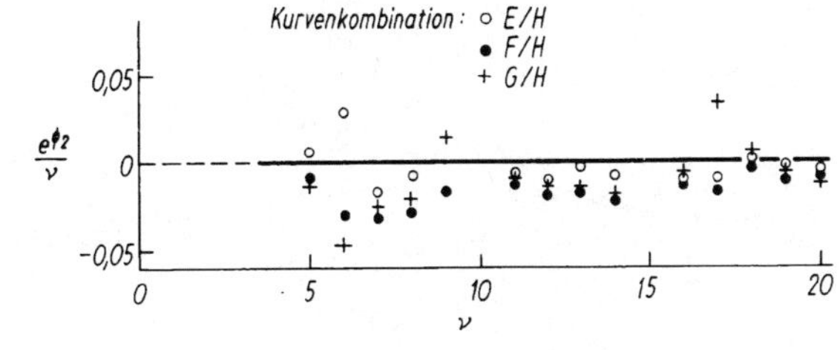

Bild 4b. Zur Berechnung von Φ_2 für die angegebenen Streukurvenkombinationen der Labor-Probe

Tabelle 3. Experimentell bestimmte Werte für ϱ_L

Proben-herkunft	Ind.-Substanz			Labor-Substanz		
Kurven-kombination	A/D	B/D	C/D	E/H	F/H	G/H
ϱ_L	0,0343	0,0122	0,0031	0,0221	0,0099	0,0036

aber der Ordinatenabschnitt der nach $\nu = 0$ extrapolierten Φ_1-Kurve gleich $-\ln k_1 = -\ln \beta/\beta'$. Es ergibt sich somit die wesentliche Schlußfolgerung, daß bei beiden Polypropylensubstanzen der *Kristallinitätsgrad* sich während der Temperung *nicht ändert.*

Zur numerischen Berechnung der Verbreiterungsfunktion $g(x)$ genügt es im vorliegenden Falle, wegen $g(x) \equiv g_1(x)$ nur den symmetrischen Anteil $g_1(x)$ auszuwerten.

Dazu geht man davon aus, daß Φ_1 linear von ν abhängt, d. h. für $g_1(x)$ gilt eine Darstellung gemäß Gleichung (IV. 7):

$$g_1(x) = \frac{1}{\pi \varrho_L} \sqrt{\frac{2}{3}} \frac{1}{1 + \frac{2}{3} \frac{x^2}{\varrho_L^2}}. \qquad \text{(IV. 7)}$$

Die Größe des Parameters ϱ_L folgt unmittelbar aus dem Anstieg der Φ_1-Geraden in den Diagrammen 3a und 3b, denn es gilt nach Gleichung (IV. 8) und Gleichung (4):

$$\Phi_1 = -\pi \sqrt{6}\, \varrho_L \nu - \ln k_1. \qquad (6)$$

Die Variable x ist nach Gleichung (I. 2) durch

$$x = \frac{u - u_1}{u_2 - u_1}, \quad u = 2 \sin \vartheta/\lambda \qquad \text{(I. 2)}$$

mit $2\vartheta_1 = 10°, 2\vartheta_2 = 28°$ als Intervallgrenzen gegeben. Tabelle 3 enthält eine Zusammenstellung der nach Gleichung (6) experimentell bestimmten Werte ϱ_L. Sie stellen ein quantitatives Maß für die beobachteten Linienverbreiterungen dar.

Mit den Werten ϱ_L nach Tabelle 3 kann der vollständige Verlauf der Verbreiterungsfunktion $g(x)$ nach Gleichung (IV. 7) sofort berechnet werden (siehe Bilder 5a und 5b).

3.4. Auftragung von Φ_1 bei reziproker Teilung der ν-Achse

Die bisherige Auftragung der Hilfsfunktion Φ_1 gegen ν gemäß den Bildern 3a und 3b ergab Geraden, deren Neigung und Ordinatenabschnitt zu bestimmen war. Diese Bestimmung läßt sich um so zuverlässiger durchführen, je weniger die aus den experimentellen Daten berechneten Werte von Φ_1 streuen. Nun ist jedoch ohne weiteres einzusehen, daß die Streuung bei großen ν-Werten besonders groß sein wird, da hier die Fourierkoeffizienten der kombinierten Streukurven im allgemeinen nur klein sind; relativ geringfügige Änderungen in deren Betrag führen dann nämlich — bedingt durch den Logarithmierungsprozeß bei der Berechnung von Φ_1 — notwendig zu großen Streuungen der Diagrammpunkte. Andererseits sind es gerade die für große ν berechneten Werte Φ_1, die vornehmlich die Neigung der Diagrammgeraden bestimmen.

Eine Minderung dieser Schwierigkeiten läßt sich durch eine modifizierte Auftragung der berechneten Werte Φ_1 erreichen. Dividiert man die Gleichung (6) beiderseitig durch ν

$$\frac{1}{\nu} \Phi_1 = -\frac{1}{\nu} \cdot \ln k_1 - \pi \sqrt{6}\, \varrho_L \qquad (7)$$

und trägt entsprechend dieser Relation Φ_1/ν über $1/\nu$ auf, so sollte sich wiederum eine Gerade ergeben, deren Steigung aber jetzt durch $-\ln k_1$ und deren Ordinatenabschnitt durch $-\pi\sqrt{6}\varrho_L$ gegeben ist.

Die Verbesserung der Auftragung nach Gleichung (7) gegenüber der bisherigen nach Gleichung (6) besteht darin, daß für großes ν die Streuung der Werte Φ_1 nur mit dem Gewicht $1/\nu$ in die Auswertung eingeht.

Die Bilder 6a und 6b enthalten die Φ_1-Diagramme bei reziproker Teilung der ν-Achse. Die eingezeichneten Geraden entsprechen in ihrem Verlauf den gleich bezeichneten Geraden in den Bildern 3a und 3b. Man erkennt, daß die Streuung der Diagrammpunkte bei großen ν-Werten sich nicht wesentlich von der Streuung bei kleineren ν-Werten unterscheidet.

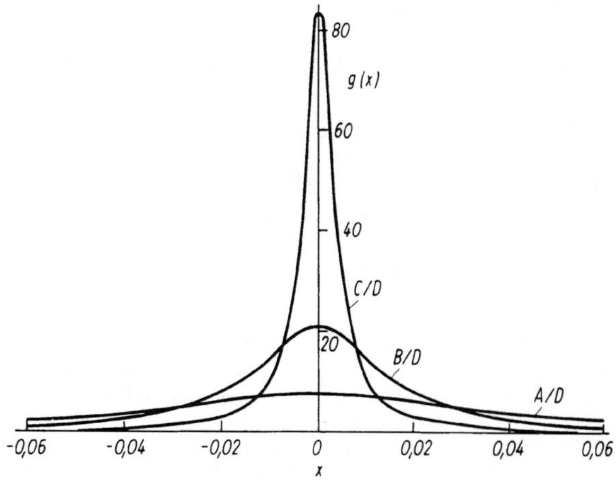

Bild 5a. Berechnete Verbreiterungsfunktionen für die verschieden getemperte Ind.-Probe. Sämtliche Verbreiterungsfunktionen besitzen ein symmetrisches Lorentzprofil

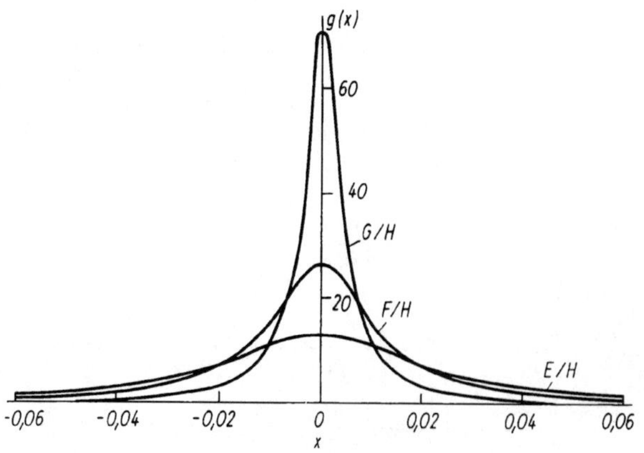

Bild 5b. Die entsprechenden Verbreiterungsfunktionen für die Labor-Probe

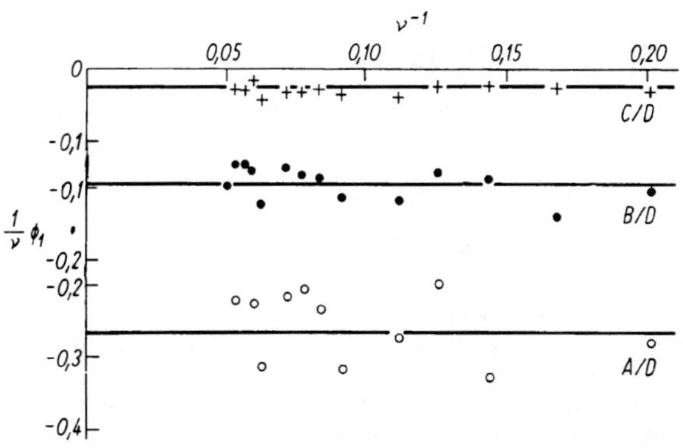

Bild 6a. Modifizierte Auftragung von Φ_1 als Funktion von $1/\nu$ für die Ind.-Probe

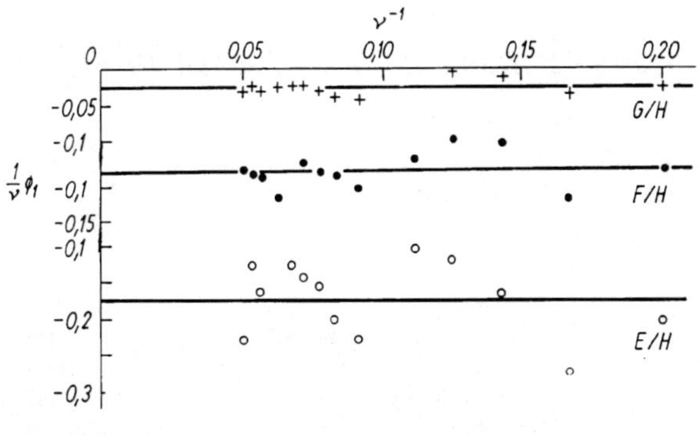

Bild 6b. Modifizierte Auftragung von Φ_1 als Funktion von $1/\nu$ für die Labor-Probe

4. *Zusammenfassung*

Die Arbeit befaßt sich mit der quantitativen Bestimmung von Linienverbreiterungen in den Röntgenstreukurven von Polypropylen. Untersucht wurden zwei verschiedene Polymerisate, die jeweils aus der Schmelze abgeschreckt und dann nacheinander bei vier verschiedenen Temperaturen getempert wurden.

Die Auswertung der Streukurven erfolgte nach einem an anderer Stelle ausführlich dargelegten Fourierverfahren. Im einzelnen wurden folgende Resultate erhalten:

1. Aus der Auftragung der Hilfsfunktionen Φ_1 und Φ_2 erschließt man qualitativ, daß im Röntgendiffraktogramm als Folge der Temperung *allein Linienverbreiterungen* auftreten. Der *Kristallinitätsgrad* bleibt *konstant.*
2. Die Linienverbreiterung nimmt mit steigender Tempertemperatur ab. Die beschreibende Verbreiterungsfunktion besitzt stets ein *symmetrisches Lorentz*-Profil.
3. Die quantitative Auswertung der Φ_1- und Φ_2-Diagramme führt zur Berechnung des genauen Verlaufs der Verbreiterungsfunktionen. Letztere sind im vorliegenden Falle durch den Parameter ϱ_L vollständig erklärt. Bei gleichen Tempertemperaturen tritt bei beiden untersuchten Polypropylensubstanzen die gleiche Linienverbreiterung auf.

Bei der Auswertung der Streukurven wurde auf die üblichen *Korrekturen* bzgl. inkohärenter Strahlung, Polarisationsfaktor usw. grundsätzlich verzichtet. Über die Genauigkeit der erzielten Resultate können z. Z. noch keine konkreten Aussagen gemacht werden. Es liegt jedoch nahe, die Streuung der berechneten Punkte in den Φ_1- und Φ_2-Diagrammen als ein qualitatives Maß für die *zu erwartende Genauigkeit* aufzufassen. Einzelheiten hierzu, insbesondere der Definition einer die Streuung charakterisierenden Maßzahl R, sind Teil einer anderen, z. Z. im Druck befindlichen Arbeit.

Auf die gleiche Arbeit wird auch betreffs einer physikalischen Interpretation unserer Ergebnisse verwiesen. Diese erfolgt summarisch im Zusammenhang mit der Bestimmung des Kristallinitätsgrades zu den hier untersuchten Polypropylensubstanzen.

Literatur

[1] *Teichgräber, M.:* Die übermolekulare Struktur hochpolymerer Verbindungen. Teil I. Faserforsch. u. Textiltechnik **18** (1967) 7, S. 336—342.
Teichgräber, M., und *Schilling, B.:* Teil II. Faserforsch. u. Textiltechnik **18** (1967) 8, S. 359—366.
Teichgräber, M.: Teil III. Faserforsch. u. Textiltechnik **18** (1967) 11, S. 517—521.
Teichgräber, M.: Teil IV. Faserforsch. u. Textiltechnik **18** (1967) 12, S. 553—564.
Teichgräber, M.: Teil V. Faserforsch. u. Textiltechnik **19** (1968) 2, S. 56—62.

[2] International Tables for *X*-Ray Crystallography, Volume III, Physical and Chemical Tables. Birmingham: Kynoch Press 1959, S. 78ff.

Eingegangen am 11. November 1968

Untersuchungen zur thermischen Verfärbung des Polyacrylnitrils

Joachim Ulbricht und Werner Makschin

TH für Chemie „Carl Schorlemmer" Leuna-Merseburg, Institut für Hochpolymere

Deutsche Akademie der Wissenschaften zu Berlin, Institut für Faserstoff-Forschung in Teltow-Seehof

DK 678.745.32:541.6:541.124:541.651:536.4

Zur Bestätigung der für die thermische Verfärbung des Polyacrylnitrils abgeleiteten intramolekularen Cyclisierungsreaktion der Nitrilgruppen unter Bildung eines Chromophors aus konjugierten C=N-Bindungen, wird der Einfluß struktureller und äußerer Parameter auf den Verlauf der Verfärbung diskutiert. Diese Umwandlung steht in keinem direkten Zusammenhang mit den Pyrolysereaktionen des Polymeren, die erst oberhalb 250 °C beginnen. Bei Luftzutritt sind wenigstens zwei Reaktionen am Zustandekommen der Verfärbung beteiligt. Die wesentlichen Initiatoren der Verfärbung sind die sauren Endgruppen der Polymeren und Strukturanomalien, z. B. Keteniminbindungen oder deren Folgeprodukte, die beim Abbruch der Polymerisationsreaktion entstehen. Die Verfärbung des Polyacrylnitrils ist nicht an die Anwesenheit von Sauerstoff gebunden, wird aber durch ihn stark beschleunigt.

К вопросу о термическом потемнении полиакрилонитрила

С целью подтверждения выведенной для термического потемнения полиакрилонитрила внутримолекулярной реакции циклизации нитрильных групп с образованием хромофора, содержащего сопряженные C=N-связи, обсуждено влияние структурных и внешних параметров на процесс потемнения. Между упомянутым превращением и реакциями пиролиза полимера, начинающиеся лишь выше 250°C, не имеется прямой взаимосвязи. В случае доступа воздуха потемнение обусловлено протеканием не менее двух реакций. Основными инициаторами потемнения являются кислые концевые группы полимеров и аномалии структуры, например, кетениминные связи или образующиеся из них продукты, возникающие при обрыве реакции полимеризации. Для появления потемнения полиакрилонитрила присутствие кислорода не является обязательным, последний обладает, однако, значительным ускоряющим действием.

Investigations on the Thermal Discolouration of Polyacrylonitrile

The effect of structural and processing parameters on the discolouration of polyacrylonitrile has been established to provide evidence for an intramolecular cyclisation reaction of nitrile groups with formation of an chromophore of conjugated C=N bonds being responsible for the discolouration. No immediate connection exists between this reaction and the pyrolysis of the polymer, starting only above 250°C. In the presence of air, at least two reactions are involved in the discolouration. The predominant initiators of the discolouration reaction are acid end groups and structural anomalies, e.g. ketene-imine bonds or their reaction products resulting from chain termination. Although the presence of oxygen is not indispensible, it exerts a remarkable accelerating effect on the discolouration reaction.

1. *Einleitung*

Polyacrylnitril neigt dazu, sich schon bei mäßigem Erhitzen gelb bis braun oder sogar schwarz zu färben. Dieses Verhalten stellt eine der interessantesten chemischen Reaktionen des Polyacrylnitrils dar und bildet als unerwünschte Erscheinung zugleich ein ernsthaftes technologisches Problem bei der Produktion der Acrylfasern.

Obwohl *Kern* und *Fernow* [1] schon 1942 auf die Verfärbung des Polyacrylnitrils hingewiesen haben, wurde dieser Eigenschaft des Polymeren erst mit dem Beginn der Produktion von Polyacrylnitrilfaserstoffen im Jahre 1950 erneut Beachtung geschenkt.

Auf Grund der Tatsache, daß der Stickstoffgehalt der Polymeren — zumindest anfänglich — nahezu unverändert bleibt, während sich spektroskopisch eine Verringerung der Zahl der Nitrilgruppen feststellen läßt und die Polymeren in den üblichen Lösungsmitteln für Polyacrylnitril sehr rasch unlöslich werden, hat *Houtz* [2] als erster einen Vorschlag für die Struktur des verfärbten Polyacrylnitrils unterbreitet: Verknüpfung der Nitrilgruppen unter Bildung kondensierter, heterocyclischer, vollaromatischer Ringsysteme, in denen ein System konjugierter C=N-Doppelbindungen vorliegt, das im sichtbaren Bereich des Spektrums absorbiert. Ein partiell hydriertes naphthyridinartiges Ringsystem (I) formulierten *McCartney* [3, 4] für das unter der Einwirkung von Alkalien verfärbte Polyacrylnitril sowie *Burlant* und *Parsons* [5] und *Grassie* und *Hay* [6, 7, 8, 9] für die thermische Verfärbung des Polymeren.

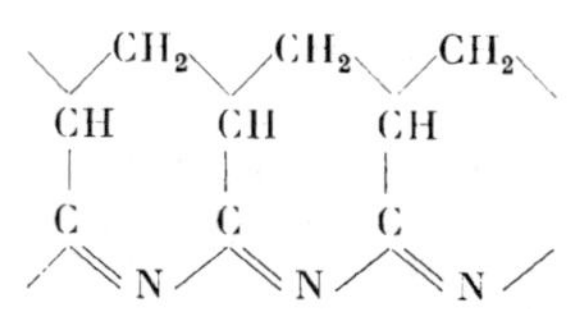

(I)

In jüngster Zeit haben *Peebles* und *Brandrup* [10] diesen Strukturvorschlag dahingehend erweitert, daß die zuerst entstehende Gruppierung (I) durch nachfolgende Sauerstoffaufnahme teilweise zu N-Oxidstrukturen weiterreagiert, das verfärbte Polyacrylnitril also die Struktur (II) besitzt.

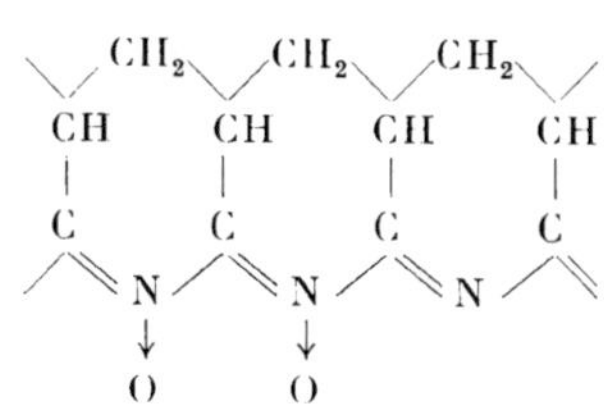

(II)

Die Cyclisierungsreaktion kann durch Alkali [3, 4], Amine [11, 12] und Alkaliamide [13], allgemein durch Stoffe mit nukleophiler Aktivität [9], z. B. auch Carbonsäuren, Phenole usw., initiiert werden. Im Gegensatz zum Polymethacrylnitril verfärbt sich Polyacrylnitril auch bei Abwesenheit nukleophiler Substanzen. Es wird daher angenommen, daß die tertiäre CH-Gruppe im Polyacrylnitri in der Lage ist, die Verfärbung nach Art einer Thorpe-Reaktion in einem intramolekularen Reaktionsschritt (III) einzuleiten [9].

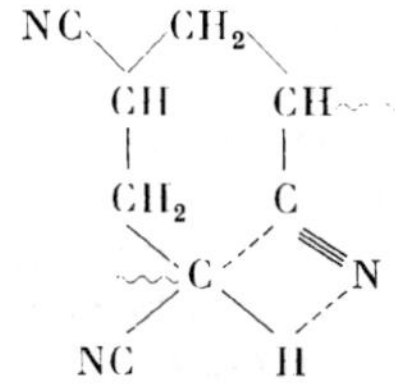

(III)

Einen ähnlichen, allerdings intermolekularen Initiierungsschritt hat *Schurz* [14] bereits 1958 vorgeschlagen. Durch Reaktion des tertiären Wasserstoffatoms mit der Nitrilgruppe eines benachbarten Polymermoleküls wird eine Azomethin-Verzweigung gebildet (R 1). Diese Ketiminstruktur kann jedoch keine Erklärung für das Auftreten der sichtbaren Verfärbung geben und deshalb hat *Schurz* letztlich von der Aufstellung eines Mechanismus für die Verfärbung Abstand genommen [15].

R 1:

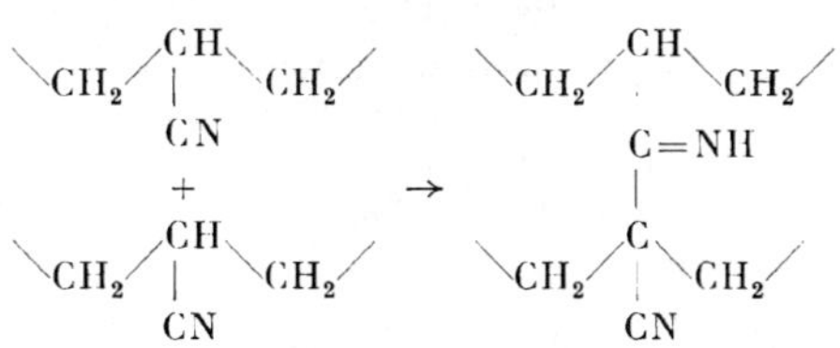

Den ersten Versuch zur Aufklärung der Struktur des verfärbten Polyacrylnitrils auf „chemischem Weg" machte *Takata* [16, 17, 18]. Das Verhalten von Modellverbindungen für Polyacrylnitril beim Erhitzen und der Vergleich der dabei erhaltenen Reaktionsprodukte mit niedermolekularen Modellverbindungen für cyclisiertes Polyacrylnitril und erhitzten Polyacrylnitrilproben stellen eine wesentliche Stütze für den Ringbildungsmechanismus dar.

Einen grundsätzlich anderen Strukturvorschlag unterbreiteten *Berlin, Dubinskaja* und *Moskovskij* [19] sowie *Fester* [20, 21, 22]. Danach sind die Nitrilgruppen nicht an der Verfärbungsreaktion beteiligt. Die Bildung einer Polyenstruktur (IV) wird als die Ursache der Verfärbung angesehen. Dieser Vorschlag ist eine Weiterführung der zuvor von *Conley* und *Bieron* [23, 24] postulierten

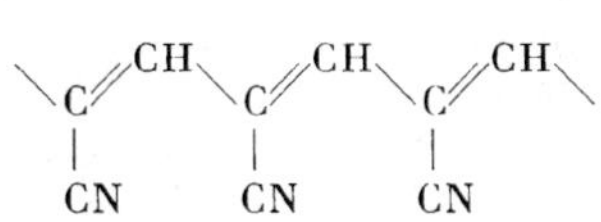

(IV)

olefinischen Struktur, die beim Erhitzen des Polyacrylnitrils bei Anwesenheit von Sauerstoff entstehen soll (R 2).

R 2:

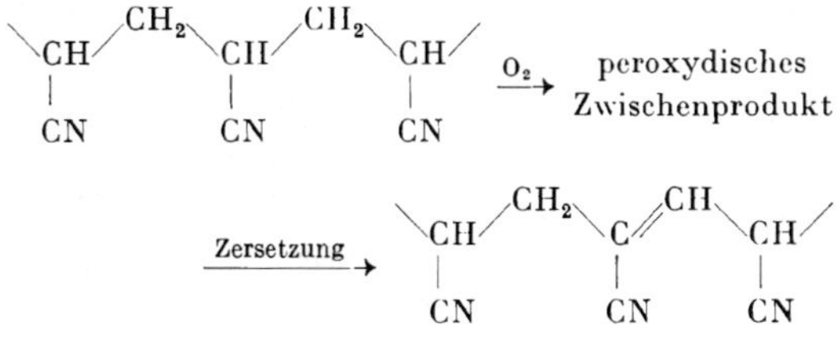

Auch die Bildung von Triazinringen [25] und andere Mechanismen der Verfärbungsreaktion sind diskutiert worden [26, 27].

In einer früheren Mitteilung [28] haben wir für die Verfärbungsreaktion des Polyacrylnitrils eine ionische, intramolekulare Cyclisierungsreaktion der Nitrilgruppen unter Bildung eines Chromophors aus konjugierten C=N-Bindungen abgeleitet.

In der vorliegenden Mitteilung soll über weitere Versuche zur Bestätigung der Struktur und der Bildungsweise des verfärbten Polyacrylnitrils sowie über weitere Faktoren, welche die Verfärbung beeinflussen, berichtet werden.

2. *Experimentelles*

Die verwendeten Monomeren, Lösungsmittel und Initiatoren wurden nach den üblichen Verfahren gereinigt. Die Fällungs(co)polymerisate wurden bei 25 °C mit dem Initiatorsystem $S_2O_8''/S_2O_5''/Fe^{++}$ in Wasser hergestellt. Die verschiedenen rel. Molekülmassen wurden lediglich durch Einsatz unterschiedlicher Initiatorkonzentrationen, bei konstantem Verhältnis der Initiatorbestandteile zueinander erhalten. Bei Verwendung von Azo-bis-isobutyronitril erfolgte die Polymerisation bei 70 °C unter Stickstoff in Wasser/Methanol = 5 : 1. Die Substanzpolymerisation des Acrylnitrils wurde bei 25 °C mit Azo-bis-isobutyronitril unter Stickstoff initiiert. Die Lösungspolymerisation erfolgte nach bekanntem Verfahren (vgl. z. B. [29]).

Die Bestimmung des Schwefelgehaltes der Polymeren wurde nach der von *Philipp* und *Dautzenberg* [30] beschriebenen Methode durchgeführt. Die viskosimetrische Bestimmung der rel. Molekülmasse erfolgte an 0,1%igen Lösungen in DMF bei 20 °C ± 0,01 grd im Viskosimeter 0a nach *Ubbelohde* (VEB Jenaer Glaswerk Schott & Gen.), die Berechnung der rel. Molekülmassen nach der Beziehung von *Krigbaum* [31].

Die thermogravimetrische Analyse wurde mit einer Quarzfederthermowaage im Vakuum [32] und mit dem ungarischen „Derivatographen" nach *Paulik, Paulik* und *Erdey* ausgeführt.

3. *Beschreibung und Diskussion der Ergebnisse*

3.1. *Thermoanalytische Untersuchungen*

Die thermogravimetrische Analyse (Bild 1) zeigt, daß beim Erhitzen im Vakuum bei Temperaturen unter 250°C kein eindeutig meßbarer Gewichtsverlust (< 0,5%) auftritt. Das verwendete Polymere, ein Copolymerisat mit 3 Gew.-% Acrylsäure, verfärbt sich dagegen besonders leicht und ist bei dieser Temperatur bereits kräftig braun gefärbt. Erst bei 262 °C beobachtet man einen plötzlichen Gewichtsverlust von 5 bis 7%. Dieses Verhalten entspricht den experimentellen Ergebnissen anderer Autoren [33, 34, 35]. Im „Derivatographen" fanden wir für die Zersetzung von unterschiedlich hergestellten Polyacrylnitrilhomopolymerisaten übereinstimmend eine Temperatur von 280 °C beim Erhitzen in Gegenwart von Sauerstoff (Bild 2). Die Zersetzungsreaktion läuft hier wesentlich langsamer und über einen breiteren Temperaturbereich ab. Die

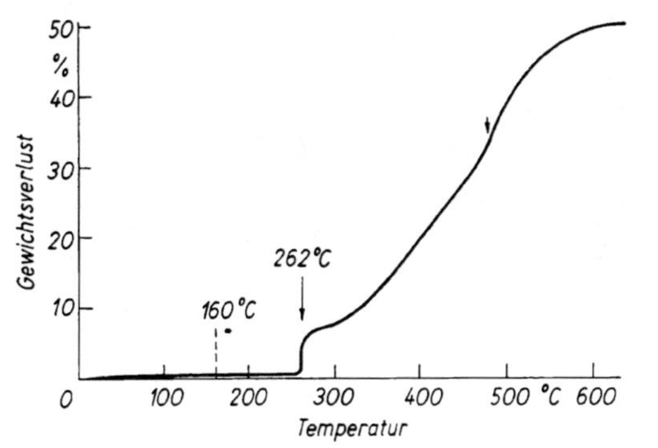

Bild 1. Thermogravimetrische Analyse von Polyacrylnitril

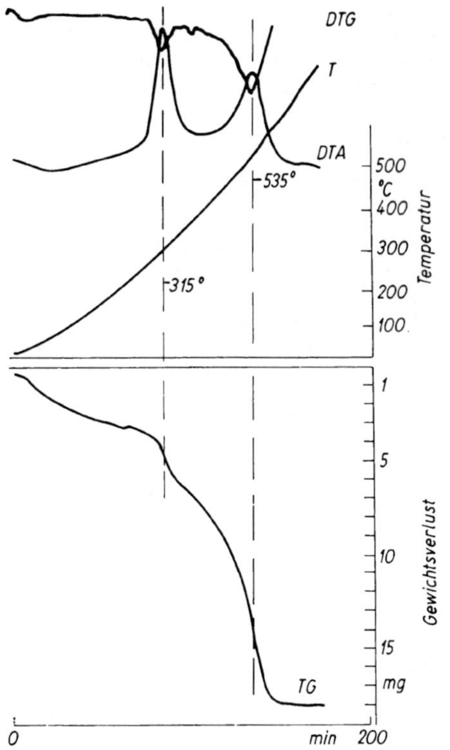

Bild 2. Derivatogramm des Polyacrylnitrils

Differentialthermoanalyse weist gleichzeitig eine exotherme Reaktion bei 305 bis 315 °C aus. Der DTA-Peak besitzt eine Flanke bis herunter zu 260 bis 280 °C. In diesem Temperaturbereich beginnt die Zersetzung des Polyacrylnitrils und wird besonders lebhaft bei der Temperatur des Schmelzpunktes des Polyacrylnitrils (317 °C [36]). Beim Erhitzen im Vakuum erfolgt die Reaktion wegen der fehlenden Wärmeabführung und der dadurch bedingten Aufheizung der Probe praktisch momentan. Der Gewichtsverlust zeigt, daß es sich bei dieser Reaktion nicht um eine einfache Umlagerung oder Cyclisierungsreaktion der Nitrilgruppen handelt. Eine Polyen- oder Olefinbildung durch Dehydrierung des Polymeren oder die nachfolgende Dehydrierung des cyclisierten Polyacrylnitrils kann ebenfalls nicht für den Gewichtsverlust verantwortlich sein, da in den Pyrolyseprodukten des Polyacrylnitrils kein Wasserstoff gefunden wurde [5, 37, 38, 39]. Vielmehr handelt es sich um eine ausgesprochene Pyrolysereaktion unter Abspaltung von HCN, Acrylnitril und Vinylacetonitril [37]. Bei 250 °C werden die drei Pyrolysehauptprodukte in einem solchen Verhältnis gebildet, daß die flüchtigen Produkte nur etwa 2% mehr Stickstoff enthalten, als das Polyacrylnitril. Daraus erklärt sich die anfänglich geringe Abnahme des Stickstoffgehaltes des Pyrolyserückstandes. Mit steigenden Pyrolysetemperaturen verschiebt sich die Zusammensetzung des Pyrolysates zugunsten eines höheren Stickstoffgehaltes, so daß die pyrolysierten Polymeren stickstoffärmer werden. Immerhin besitzt das in Bild 1 verwendete Polymerisat nach dem Erhitzen auf 640 °C noch 83% seines ursprünglichen Stickstoffgehaltes. Der Gewichtsverlust strebt bei dieser Temperatur vorerst einem Grenzwert von etwa 50% zu.

Thermogravimetrie und Differentialthermoanalyse lassen erkennen, daß die Verfärbung des Polyacrylnitrils in keinem direkten Zusammenhang mit den Pyrolysereaktionen des Polymeren steht, da letztere erst oberhalb 250 °C beginnen. Die Verfärbung erfolgt dagegen im inerten Medium bereits bei 150 °C mit meßbarer Geschwindigkeit.

3.2. Abhängigkeit der Verfärbung von der Dauer und Temperatur des Erhitzens

Die Verfärbung des Polymeren kann durch Messung des Remissionsvermögens im sichtbaren Spektralbereich verfolgt werden [40]. Die Verfärbung nimmt mit der Dauer des Erhitzens anfangs sehr rasch, nach 2 bis 4 h merklich langsamer zu und scheint sich im Blauen einem Grenzwert zu nähern (Bild 3). Die Absorption im roten Spektralbereich besitzt stets kleinere Absolutwerte, steigt aber auch nach längeren Erhitzungszeiten noch weiter an. Die einzelnen Polymerproben unterscheiden sich durch den Grad der Verfärbungszunahme mit der Zeit und die Absorptionshöhe. Dieses Verhalten kann durch die Funktion $A = kt^v$ zufriedenstellend beschrieben werden [28] (A = % Absorption, t = Erhitzungsdauer, k und v sind stoffabhängige Konstanten). Trägt man $\log A$ gegen $\log t$ auf, so erhält man Geraden, deren Steigung ein Maß für die Geschwindigkeit der Verfärbungsreaktion, also für die thermische Beständigkeit der Probe ist (Bild 4). Bei längerer Erhitzungsdauer zeigen die Geraden einen Knickpunkt. Eine solche Unstetigkeit

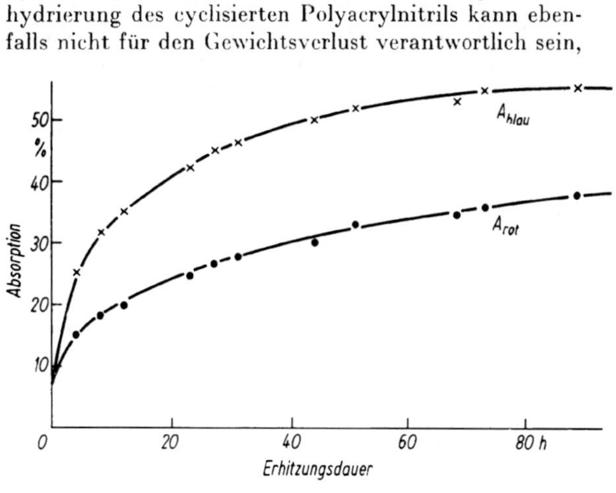

Bild 3. Abhängigkeit der Verfärbung von der Erhitzungsdauer; Erhitzungstemperatur: 160 °C

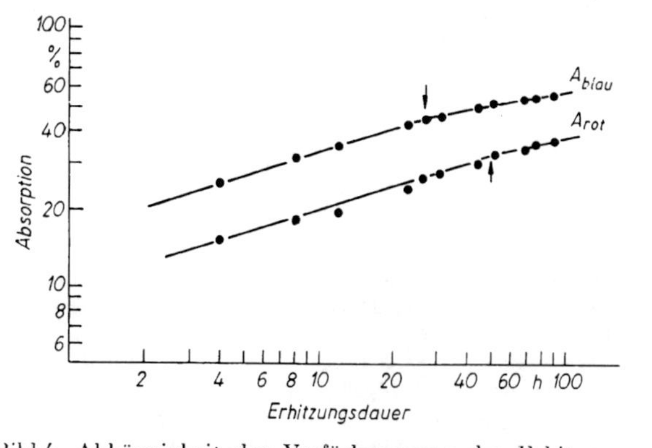

Bild 4. Abhängigkeit der Verfärbung von der Erhitzungsdauer; Erhitzungstemperatur: 160 °C

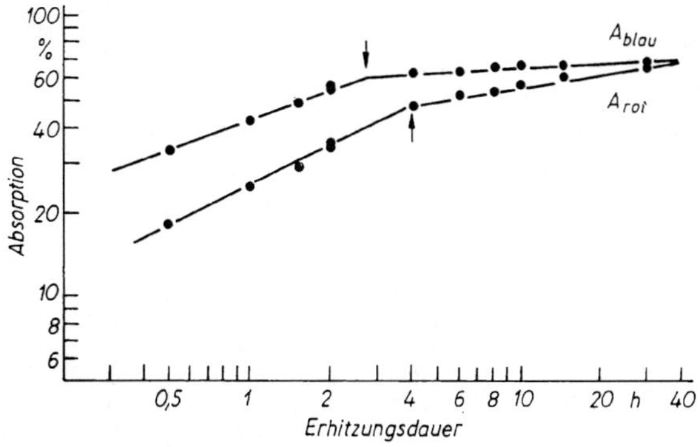

Bild 5. Abhängigkeit der Verfärbung von der Erhitzungsdauer; Erhitzungstemperatur: 200 °C

weist auf die Mitwirkung von mindestens zwei Reaktionen an der Verfärbung des Polyacrylnitrils hin. Bei Erhöhung der Erhitzungstemperatur (Bild 5) steigt nicht nur die Verfärbungsgeschwindigkeit an, sondern der Knickpunkt der $\log A/\log t$-Kurve verschiebt sich zugleich nach kürzeren Zeiten. Im zweiten Kurventeil nimmt die Absorption im roten relativ zu der im blauen Gebiet wesentlich stärker zu. Die zweite Reaktion liefert also ein Reaktionsprodukt, das im längerwelligen Bereich absorbiert. Für die unter Stickstoff erhitzten Proben zeigt die Funktion $A = k\,t^v$ einen stetigen Verlauf.

3.3. *Initiierung der Verfärbungsreaktion*

Die Verfärbung in inerter Atmosphäre wird durch den Zusatz von Säuren und Basen, wie z. B. Benzoesäure, Harnstoff oder Thioharnstoff, beschleunigt. Durch das Initiatorsystem in die Polymeren eingeführte saure Endgruppen wirken ebenfalls als Initiatoren der Verfärbungsreaktion. Da die Konzentration der Endgruppen mit fallender rel. Molekülmasse der Polymeren ansteigt, nimmt auch die Verfärbungstendenz bei Herabsetzung der rel. Molekülmasse des Polyacrylnitrils zu (siehe Bild 6). Durch Comonomere eingeführte saure Gruppen zeigen den gleichen Effekt. Die Initiatorwirksamkeit der sauren Gruppen steigt mit fallender Acidität, oder genauer: mit steigender Nukleophilität.

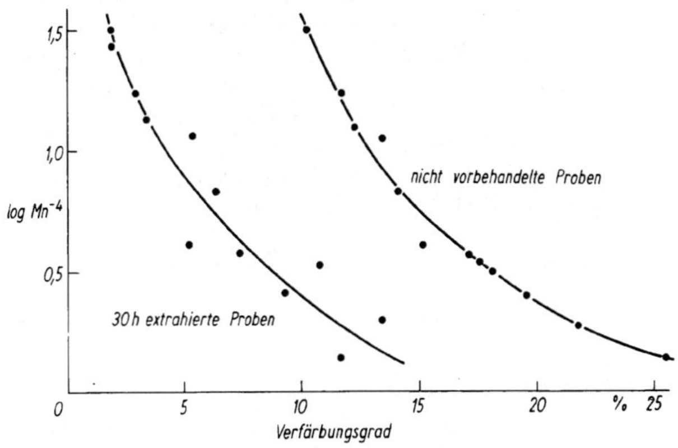

Bild 6. Einfluß einer Heißwasserextraktion auf den Verfärbungsgrad von PAN-Fällungspolymerisaten (KP/KB/Fe-Redoxinitiatorsystem); Verfärbung bei 160 °C, 1 h

Fest mit den Polymermolekülen verbundene Initiatorgruppen zeigen darüber hinaus interessante sterische Effekte. Bei gleichbleibender Nukleophilität sind solche Initiatorgruppen besonders wirksam, deren räumliche Anordnung die Bildung eines Sechsringes bei der Reaktion mit einer benachbarten Nitrilgruppe ermöglicht (vgl. z. B. (III)). So ist copolymerisierte Acrylsäure ein besonders kräftiger Initiator. Die nächsten Homologen der Acrylsäure, welche die Bildung eines Sieben- oder Achtringes erfordern würden, sind dagegen von viel geringerer Wirksamkeit. Dieses Verhalten beweist zugleich das Vorliegen einer intramolekularen Initiierungsreaktion der genannten Art. Extrapoliert man den Gehalt an sauren Gruppen in den Fällungspolymerisaten des Acrylnitrils auf den Wert Null, so geht auch die Verfärbungstendenz gegen Null. Die sauren Gruppen sind also die wesentlichen Initiatoren der Verfärbung. Diese Zusammenhänge wurden bereits früher von uns diskutiert [28].

3.3.1. *Wirkung adsorbierter Initiatorbestandteile auf die Verfärbung der Polymeren*

Allgemein — und besonders bei technischen Polymerisaten — muß auch die Wirkung von Fremdstoffen, z. B. von am Polymeren adsorbierten Initiatorresten, als Verfärbungsinitiator in Betracht gezogen werden. An Modellversuchen konnten wir nachweisen, daß von den möglicherweise adsorbierten Komponenten des Initiatorsystems nur das Kaliumperoxodisulfat eine beschleunigende Wirkung auf die Verfärbungsreaktion besitzt. Kaliummetabisulfit setzt die Verfärbung herab (Tabelle 1).

Das Peroxodisulfat stellt den Hauptbestandteil des Initiatorsystems dar und ist im Polymerisationsansatz in Mengen von einigen Zehntel bis zu 3 Gew.-% (bezogen auf das Monomere) enthalten. $5 \cdot 10^{-5}$ mol entsprechen 1,35 Gew.-%. Eine teilweise Adsorption des Persulfates aus dem Polymerisationsmedium könnte also schon eine merkliche Beschleunigung der Verfärbung bewirken. Allerdings lassen sich anorganische Salze relativ leicht aus Polyacrylnitril auswaschen.

In Modellmischungen, welche die zehnfache Menge der in der Tabelle 1 aufgeführten Substanzen enthielten, waren die Zusätze nach dem Auswaschen mit kaltem Wasser elementaranalytisch nicht mehr nachweisbar. Die stabilisierende Wirkung des Sulfits und die verfärbungsbeschleunigende Wirkung des Peroxodisulfats konnten wir nach dem Auswaschen noch nachweisen. Bei der Extraktion mit heißem Wasser nahm ihre Wirkung weiter ab. Außerdem zersetzt sich die einzige verfärbungsbeschleunigende Substanz, das Peroxodi-

Tabelle 1. Wirkung adsorbierter Zusätze auf die thermische Beständigkeit von Redox-Fällungspolymerisaten des Polyacrylnitrils

Zugesetzte Substanz ($5 \cdot 10^{-5}$ mol/g PAN)	Weißgrad nicht erhitzt	Weißgrad 1 h bei 160 °C erhitzt	pV 1 h bei 160 °C erhitzt
ohne	88,9	66,1	25,6
$K_2S_2O_8$	87,7	56,2	36,0
$K_2S_2O_5$	88,1	71,7	18,7
Mohrsches Salz	84,6	63,8	24,5
K_2SO_4	87,9	69,6	20,9

Tabelle 2. Änderungen der Viskosität und des Endgruppengehaltes von PAN-Fällungspolymerisaten (KP/KB/Fe-Initiatorsystem) nach 30 h Heißwasserextraktion

Polymerisat	η_{rel} (0,1 g/100 ml) vor Extraktion	η_{rel} (0,1 g/100 ml) nach Extraktion	% Schwefel vor Extraktion: aus Viskosität ber.	vor Extraktion: gef.	vor Extraktion: S/PAN	nach Extraktion: S/PAN	nach Extraktion: ber.	nach Extraktion: gef.
238	1,096	1,100	0,169	0,359	2,12	0,94	0,162	0,152
233	1,121	1,125	0,128	0,267	2,08	1,07	0,123	0,132
232	1,145	1,153	0,103	0,227	2,20	1,18	0,096	0,113
225	1,159	1,172	0,092	0,111	1,21	0,69	0,084	0,058
231	1,167	1,172	0,086	0,172	2,00	0,88	0,084	0,074
223	1,182	1,191	0,078	0,097	1,24	0,69	0,074	0,051
230	1,276	1,280	0,048	0,063	1,31	—	0,048	—
234	1,440	1,448	0,028	0,028	1,00	1,07	0,028	0,030
240	1,477	1,518	0,026	0,031	1,19	1,29	0,024	0,031
241	1,591	1,569	0,021	0,026	1,24	1,05	0,021	0,022
236	2,033	2,014	0,012	0,026	2,16	1,50	0,012	0,018
239	2,017	2,192	0,012	0,011	0,92	0,50	0,010	0,005

sulfat, in siedendem Wasser in 1 bis 2 h vollständig zu Bisulfit und Sauerstoff. Aus der Analytik des Polyacrylnitrils ist ebenfalls bekannt, daß Acrylnitrilpolymere nur ganz minimale Mengen anorganischer Verunreinigungen enthalten, wie aus dem geringen Aschegehalt der Polymeren geschlossen werden muß (vgl. [41]).

3.3.2. *Extraktion niedermolekularer Anteile und Endgruppen aus Polyacrylnitril*

Extrahiert man PAN-Fällungspolymerisate längere Zeit (30 h) mit heißem Wasser, so bleibt erwartungsgemäß die Verfärbungstendenz der Polymeren prinzipiell erhalten, da sie durch den Gehalt an sauren Endgruppen in den Polymerisaten bestimmt wird.

Bei allen Proben verringert sich jedoch der Schwefelgehalt, und der Absolutwert des Verfärbungsgrades wird herabgesetzt (Bild 6), während die Viskosität der Polymeren nach der Extraktion einen geringen Anstieg zeigt (Tabelle 2).

Beim Eindampfen des Extraktionswassers konnten spröde, filmbildende Substanzen, offensichtlich Anteiles des Polymeren mit niedrigem Polymerisationsgrad, isoliert werden. Bei der Extraktion von Acrylnitrilpolymerisaten mit sehr niedriger rel. Molekülmasse konnten wir die hier wesentlich größere Menge der extrahierten Polymeren größenordnungsmäßig charakterisieren (Tabelle 3).

Es ist verständlich, daß bevorzugt niederpolymere Anteile extrahiert werden. Wegen ihres relativ hohen Endgruppengehaltes sind es die hydrophileren Bestandteile der Polymeren.

Neben diesen Polymeren enthält das Extraktionswasser Sulfationen in einer Menge, die größenordnungsmäßig der Abnahme des Schwefelgehaltes der Polymeren bei der Extraktion entspricht. So verringerte sich der Schwefelgehalt eines Fällungspolymerisates (M_n 49000, analytisch ermittelter Schwefelgehalt: 0,123%) bei der Heißwasserextraktion um 0,055%. Das extrahierte Polymerisat enthält also 1,06 schwefelhaltige Endgruppen pro Polymermolekül. Im Extraktionswasser wurden 3,6 mg Schwefel (als Sulfat vorliegend) gefunden, das sind 0,045% vom Polymeren und 82% der Menge, um die sich der Schwefelgehalt des Polymeren bei der Extraktion verringert hat. Nur die verbleibenden 18% des Schwefelverlustes entfallen danach auf die extrahierten niederpolymeren Anteile.

Nach den vorstehenden Ausführungen kann das extrahierte Sulfat nicht oder nur zu einem geringen Teil aus extrahierten Initiatorbestandteilen stammen. Einen Hinweis auf eine mögliche Herkunft der Sulfationen gab uns eine Beobachtung, die wir bei Copolymerisationsversuchen machten.

Acrylnitrilcopolymerisate mit Allylschwefelsäure zeigen beim Umfällen aus Dimethylformamid in 5%ige wäßrige Salzsäure eine starke Abnahme ihres Gehaltes an sauren titrierbaren Gruppen (Tabelle 4), was nur durch die Verseifung des Schwefelsäureesters erklärt werden kann. Die leichte Verseifbarkeit der Allylschwefelsäure wurde von *Philipp, Reichert, Tryonadt* und *Gröbe* [42] auch analytisch bestätigt. In der Wärme wird der Schwefelsäureester in den Copolymerisaten schon durch Wasser verseift (Tabelle 5). Obwohl sich die gefundenen Werte nicht besonders gut in die Reihe einordnen, demonstrieren sie doch die leichte Verseifbarkeit des Schwefelsäureesters. In den Extrakten lag der Schwefel als SO_4^{--} vor.

Es ist bekannt [43], daß die schwefelhaltigen Endgruppen der Redoxfällungspolymerisate unter den von

Tabelle 3. Extraktion niedermolekularer Anteile aus Acrylnitrilpolymerisaten (Extraktion 10 h mit siedendem Wasser)

Polymerisat Nr.	η_{rel} (0,1 g/100 ml)	pV (1 h, 160 °C) nicht extrah.	pV (1 h, 160 °C) extrah.	Extrah. Anteile η_{rel}	Extrah. Anteile % N
304	1,046	27,9	19,8	1,013	22,09
305	1,040	32,0	21,9	1,014	22,18
306	1,028	34,4	27,3	1,013	

Tabelle 4. Verseifung von Acrylnitril/Allylsulfat(ASE)-Copolymeren

Polymerisat	% ASE (im Monomeren)	μ-Äquivalente saurer Gruppen pro g Polymeres vor dem Umfällen	μ-Äquivalente saurer Gruppen pro g Polymeres nach dem Umfällen
252	3	58	33
250	5	66	36
251	10	94	40

Tabelle 5. Heißwasserextraktion eines Acrylnitril/ASE-Copolymerisates

Polymerisat 282		% S
nicht extrahiert		0,260
extrahiert	2 h	0,142
	5 h	0,167
	10 h	0,222
	20 h	0,138

uns angewendeten Polymerisationsbedingungen als Sulfonat- und Sulfatgruppen in einem Verhältnis von etwa 1:1 vorliegen. Entsprechend der leichten Verseifbarkeit der Allylsulfatcopolymerisate müssen wir auch bei den Acrylnitrilpolymeren mit Schwefelsäureester-Endgruppen eine Verseifung dieser Gruppen bei der Heißwasserextraktion erwarten. Bei der Bilanzierung des im Extraktionswasser gefundenen Sulfats muß daher die Entstehung aus den Endgruppen in Betracht gezogen werden.

Durch die Verseifung und die Extraktion der niedermolekularen Anteile mit einer relativ hohen Konzentration an Endgruppen wird die Konzentration der sauren Endgruppen im Polyacrylnitril herabgesetzt. Das entspricht dem verringerten Schwefelgehalt der extrahierten Proben und verursacht die Abnahme ihrer thermischen Verfärbung im Vergleich mit den Ausgangspolymeren. In jedem Fall wird die Verfärbung der Fällungspolymerisate, die mit den angeführten Initiatorsystemen polymerisiert wurden, überwiegend durch ihren Gehalt an sauren Endgruppen bestimmt.

3.4. Thermisches Verhalten von Polymerisaten ohne reaktive Endgruppen

In Übereinstimmung mit früheren Ergebnissen [28] muß man also erwarten, daß Polyacrylnitril ohne reaktive Endgruppen bei Temperaturen bis zu 160 °C überhaupt keine thermische Verfärbung zeigt. Solche Polymere sollte man bei der Initiierung der Polymerisation mit Azo-bis-isobutyronitril (AIBN) erhalten. Beim thermischen Zerfall des Initiators entstehen Isobutyronitrilradikale, welche die eigentlichen Initiatoren der Polymerisation darstellen. Diese Radikale unterscheiden sich nur durch das Vorhandensein einer zusätzlichen Methylgruppe von der Struktur der Monomereinheiten des Polyacrylnitrils. In Übereinstimmung mit diesen Vorstellungen erwies sich die Verfärbungstendenz dieser Polymeren in dem von uns untersuchten Bereich der rel. Molekülmasse als unabhängig von der rel. Molekülmasse der Proben (Tabelle 6).

Tabelle 6. Thermische Verfärbung von AIBN-initiierten Acrylnitrilpolymeren; Polymerisationsmedium: DMF, 43 °C Verfärbung 1 h bei 160 °C

Nr.	η_{rel} (0,1 g/100 ml)	Weißgrad vor dem Erhitzen	Weißgrad nach dem Erhitzen	pV
L 4	1,091	91,4	72,9	20,2
L 6	1,104	88,9	68,3	23,2
L 3	1,112	88,0	67,1	23,8
L 7	1,121	88,2	68,1	22,8
L 8	1,125	87,8	66,0	24,8
L 2	1,130	86,5	64,3	25,7
L 5	1,146	85,4	63,2	26,0
L 11	1,184	90,9	68,8	24,3
L 10	1,208	91,0	65,0	25,6
L 9	1,221	88,3	65,7	25,7
L 12	1,234	89,9	68,7	23,6

Für alle Proben wurde jedoch ein relativ hoher Verfärbungsgrad gefunden. Auch *Grassie* hat darauf hingewiesen, daß bei der Polymerisation in Dimethylformamid Polymere entstehen, die sich dreimal leichter verfärben als Substanzpolymerisate, weil das Dimethylformamid ein wirksamer Verfärbungsinitiator ist. Daher wurden zum Vergleich auch Polymerisationen mit AIBN in wäßrigem Medium (Tabelle 7) und in Substanz, d. h. ohne Lösungsmittel (Tabelle 8), durchgeführt. Diese Polymeren verfärben sich sogar stärker als die Lösungspolymerisate. Bei der Extraktion der Substanzpolymerisate nimmt der Verfärbungsgrad mit der Dauer der Extraktion ab, wahrscheinlich infolge der Entfernung von okkludiertem AIBN, welches die Verfärbungsreaktion sehr wesentlich beschleunigt (z. B. prozentualer Verfärbungsgrad einer Polyacrylnitrilprobe: 29,4, nach Zusatz von $5 \cdot 10^{-5}$ mol AIBN pro g PAN: 44,9).

Überraschend ist die stärkere Verfärbung der extrahierten Fällungspolymerisate (Tabelle 7). Hier müssen durch die Extraktion Umwandlungen am Polymeren erfolgen, die zur Entstehung wirksamer Initiatoren der Verfärbungsreaktion führen. Da wir dieses außergewöhnliche Verhalten nur bei einer bestimmten Art von Polymerisaten beobachteten, muß es sich um Abweichungen von der normalen Polyacrylnitrilstruktur handeln. In Polymerisaten, die unter ähnlichen Bedingungen hergestellt wurden, konnten wir Keteniminstrukturen nachweisen [44]. Bei der Extraktion mit Methanol können diese in die Imidsäureester und deren Folgeprodukte überführt werden [45], die wirksame

Tabelle 7. Thermische Verfärbung von PAN-Fällungspolymerisaten (Polymerisationsmedium: Wasser/Methanol; Initiator: AIBN)

Nr.	$\eta_{spez.}$ (0,1 g/100 ml)	1 h auf 160 °C erhitzt: W	pV	pV*)
A 2	0,225	56,9	38,7	43,4
A 3	0,234	55,8	39,9	42,0
A 4	0,272	58,4	36,0	41,2
A 5	0,270	58,6	37,4	40,6

*) Proben vor dem Erhitzen 10 h mit siedendem Methanol extrahiert

Tabelle 8. Thermische Verfärbung von PAN-Substanzpolymerisaten (Polymerisationsinitiator: AIBN)

Nr.	$\eta_{spez.}$ (0,1 g/100 ml)	1 h auf 160 °C erhitzt: W	pV
D 148	0,399	57,0	36,4
A 161	1,161	63,3	30,4
B 1	1,359	61,6	32,1
B 3	1,620	63,3	34,5
B 6	1,924	60,8	33,9
B 5	1,942	52,0	42,2
B 7		73,2	24,3
B 4	1,87	77,3	19,5

Verfärbungsinitiatoren sind. Der direkte Nachweis von Keteniminstrukturen in den Polymeren der Tabelle 7 ist uns bisher nicht gelungen. Mit den beschriebenen Versuchen konnte aber gezeigt werden, daß neben den reaktiven Endgruppen und Comonomeren auch anomale Strukturen im Polyacrylnitril die thermische Stabilität beeinflussen können. Kürzlich wurde die Bildung solcher Strukturen durch Übertragungsreaktion am Polymeren und deren Wirkung als Initiatoren der Verfärbungsreaktion auch von *Brandrup, Peebles* und *Kirby* [46] beschrieben.

3.5. *Verfärbung verzweigter Acrylnitrilpolymerisate*

Eine weitere Strukturanomalie ist eine mögliche Verzweigung der Polymeren. Acrylnitrilfällungspolymerisate sind z. B. stärker verzweigt als Lösungspolymerisate [47]. Derartige strukturelle Unterschiede können ebenfalls Ursache unterschiedlicher thermischer Beständigkeit der Polymeren sein. Da der Verzweigungsgrad an Acrylnitrilpolymeren nur schwer zu bestimmen und nur in einem eng begrenzten Gebiet variierbar ist, verwendeten wir Copolymere mit definierten Zusätzen an Methylen-bis-acrylamid. In erster Näherung können diese Copolymeren als Modelle für verzweigtes Polyacrylnitril angesehen werden. Bis zu einem molaren Verhältnis von 1:500 hat der Zusatz des Vernetzers keinen Einfluß auf die Verfärbung des Polyacrylnitril (Bild 7). Bei höheren Zusätzen hat die Änderung des Comonomergehaltes ebenfalls keinen Einfluß auf den Grad der Verfärbung (gestrichelte Kurve). Aus technischen Gründen wurden sie nach einem etwas abweichenden Verfahren hergestellt, der niedrigere Absolutwert der Verfärbung dieser Polymeren kann darin begründet sein. Außerdem sind diese Polymeren bereits als vernetzte Polymere anzusehen.

3.6. *Abhängigkeit der Verfärbung vom umgebenden Gasmedium*

Überraschenderweise stellten wir fest, daß die Verfärbungsgeschwindigkeit sehr stark von der Atmosphäre abhängt, in der die Erhitzung stattfindet. Die Verfärbung wird in Gegenwart von Sauerstoff stark beschleunigt, und zwar proportional dem Sauerstoff-

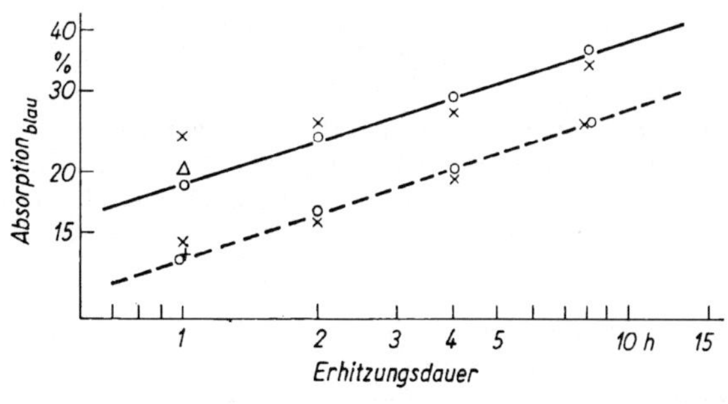

Bild 7. Verfärbung von unterschiedlich vernetzten Polyacrylnitrilproben in Abhängigkeit von der Erhitzungsdauer; Erhitzungstemperatur 160 °C, Vernetzer: Methylen-bis-acrylamid

Verhältnis Acrylnitril zu Vernetzer:

unterbrochene Linie	×	1 : 20
	o	1 : 50
	+	1 : 100
ausgezogene Linie	△	1 : 500
	×	1 : 750
	o	1 : 1000

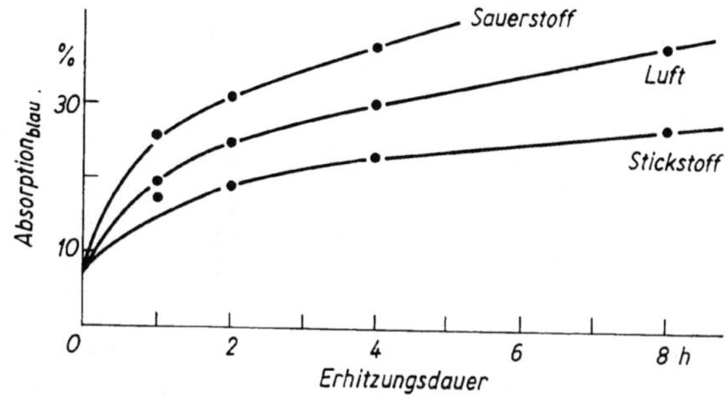

Bild 8. Verfärbung in Abhängigkeit von der Gasatmosphäre, in der die thermische Behandlung erfolgt; Erhitzungstemperatur 160 °C

partialdruck (Bild 8). Dieser Effekt ist nach einem ionisch initiierten Verfärbungsmechanismus, wie wir ihn aus unseren bisherigen Versuchen ableiten müssen, nicht zu erwarten. Allerdings haben *Houtz* [2] sowie *Burlant* und *Parsons* [5] schon auf eine beschleunigende Wirkung des Sauerstoffs bei der Verfärbung hingewiesen und *Conley* und *Bieron* [24] haben diese Beobachtung zum Ausgangspunkt ihres Reaktionsvorschlages gemacht. Danach sind sogar „bei längerem Erhitzen von Polyacrylnitrilfilmen bei 160 °C im Vakuum oder unter Stickstoff" keine signifikanten Änderungen im Ultrarotspektrum nachweisbar, die Farbe der Filme verändert sich nur wenig nach sehr schwach gelb. Erst nach 150 h sind geringe Änderungen im Spektrum zu beobachten". Diese Feststellung widerspricht übrigens selbst den in der Arbeit von *Conley* enthaltenen Spektren (vgl. dort Bild 4).

Auch beim Erhitzen unter Stickstoff ist die Verfärbungsgeschwindigkeit von der Art und Konzentration der Endgruppen oder reaktiven Comonomeren abhängig. Eine mögliche Anwesenheit von adsorbierten Sauerstoff-Spuren im Polyacrylnitril kann daher nicht die Ursache der Verfärbungsreaktion unter Stickstoff sein. Ein weiterer Beweis dafür ist die Tatsache, daß sich die Verfärbungsgeschwindigkeit beim Erhitzen unter Stickstoff nicht ändert, wenn die Polymerproben zuvor im Hochvakuum ausgeheizt werden:

PAN-Fällungspolymerisat	pV	W	A_{blau}	A_{rot}
	nach therm. Behandlung 2 h 160 °C, unter N_2			
nicht vorbehandelt	23,1	68,4	23,5	15,3
im Vakuum ausgeheizt	23,9	68,6	22,7	14,1

Für die Verfärbung des Polyacrylnitrils ist die Anwesenheit von Sauerstoff also keine unbedingte Voraussetzung. Über die Reaktion des Sauerstoffs mit Polyacrylnitril wird in einer späteren Mitteilung noch ausführlich berichtet werden.

4. *Zusammenfassende Diskussion*

Thermogravimetrie und Differentialthermoanalyse zeigen, daß die Verfärbungsreaktion des Polyacrylnitrils in keinem direkten Zusammenhang mit der pyrolytischen Zersetzung des Polymeren steht, die erst bei 250 °C beginnt. Die Verfärbung erfolgt bereits oberhalb

150 °C mit meßbarer Geschwindigkeit. Die thermische Verfärbung ist abhängig von der Erhitzungsdauer und -temperatur. Aus dem zeitlichen Verlauf der Verfärbung läßt sich das Vorliegen von mindestens zwei Reaktionen bei diesem Prozeß ableiten. Die Verfärbungsgeschwindigkeit von mit Peroxodisulfat/Metabisulfit initiierten Polymerisaten ist abhängig vom Gehalt an sauren Endgruppen in den Polymeren. Die Extraktion niederpolymerer Anteile (hohe Endgruppen-Konzentration) führt zur Erhöhung der thermischen Beständigkeit. Die Verfärbungsneigung wird auch herabgesetzt, wenn die sehr leicht verseifbaren Schwefelsäureestergruppen, welche einen Teil der sauren Endgruppen darstellen, hydrolysiert werden.

Nach anderen Verfahren hergestelltes Polyacrylnitril verfärbt sich jedoch auch bei 160 °C, wenn es vom verwendeten Initiator (AIBN) keine reaktiven Endgruppen enthalten kann. Unter sonst gleichen Bedingungen hergestellte Polymere unterscheiden sich dabei je nach dem Polymerisationsmedium. Abweichende Mikrostrukturen der Polymeren sind für diese Unterschiede nicht verantwortlich, da die thermische Beständigkeit durch vorherige Extraktion der Proben beeinflußbar ist. Die Stabilität wird durch diese Behandlung einmal erhöht (Substanzpolymere), zum anderen aber herabgesetzt (Fällungspolymerisate). Es wird angenommen, daß dieses Verhalten auf die Entfernung niedermolekularer Verfärbungsinitiatoren (AIBN) und auf die Umwandlung anomaler Strukturen im Polyacrylnitril in Gruppen (z. B. Ketenimin→Amid), die als Initiatoren der Verfärbung wirken, zurückzuführen ist. An diesen Polymerisaten konnte gezeigt werden, daß die Stabilität der Homopolymerisate nicht nur von vorhandenen reaktiven Endgruppen abhängig ist, sondern in starkem Maße auch durch Strukturen bestimmt wird, die z. B. bei der Abbruchreaktion entstehen können. Ist die Konstitution der entstehenden Produkte nicht bekannt oder werden diese nicht berücksichtigt, so dürfen keine Rückschlüsse auf das Verhalten des „reinen" Polyacrylnitrils gezogen werden. An definiert vernetzten Proben konnte gezeigt werden, daß eine Verzweigung der Polymeren keinen Einfluß auf das thermische Verhalten hat. Es sei denn, daß dadurch reaktionsfähige Gruppen in das Polymere eingeführt werden. Die Verfärbungsgeschwindigkeit ist abhängig von der Atmosphäre, in der die Erhitzung stattfindet, wobei Sauerstoff eine stark beschleunigende Wirkung besitzt.

Frau *I. Szimbritzki* danken wir für experimentelle Mitarbeit. Der Analytischen Abteilung des Instituts für Faserstoff-Forschung (Leiter: Dr. *H. Zimmermann*) danken wir besonders für die Ausführung der Schwefelanalysen und Herrn Dr. *G. Henrion*, I. Chemisches Institut der Humboldt-Universität in Berlin, für die Aufnahme der thermogravimetrischen Analysen.

5. *Literatur*

[1] *Kern, W.*, und *Fernow, H.:* Über die Polymerisation des Acrylnitrils und Polyacrylnitrils. J. prakt. Chemie, N. F. **160** (1942) S. 281–295.

[2] *Houtz, R. C.:* „Orlon" acrylic fiber: Chemistry and properties. Textile Res. J. **20** (1950) S. 786–801.

[3] *McCartney, J. R.:* Alkaline degradation of polyacrylonitrile. Nat. Bur. Stand. Circul. **525** (Polymer Degr. Mechan.) **1953**, S. 123–136.

[4] *McCartney, J. R.:* Alkaline degradation of polyacrylonitrile. Mod. Plastics **30** (1953) S. 118–124, 179–181.

[5] *Burlant, W. J.*, *Parsons, J. L.:* Pyrolysis of polyacrylonitrile. J. Polymer Sci. **22** (1956) S. 249–256.

[6] *Grassie, N.:* Novel types of chain reactions in polymer degradation. J. Polymer Sci. **48** (1960) S. 79–89.

[7] *Grassie, N.*, und *McNeill, I. C.:* Thermal degradation of polymethacrylonitrile. Part V. The mechanism of the initiation step in coloration reactions. J. Polymer Sci. **39** (1959) S. 211–222.

[8] *Grassie, N.*, *Hay, N. J.*, und *Mc Neill, I. C.:* Coloration in acrylonitrile and methacrylonitrile polymers. J. Polymer Sci. **31** (1958) S. 205–206.

[9] *Grassie, N.*, und *Hay, N. J.:* Thermal coloration and insolubilization in polyacrylonitrile. J. Polymer Sci. **56** (1962) S. 189–202.

[10] *Peebles, L. H.*, und *Brandrup, J.:* A chemical means of distinguishing between conjugated $-(\mathrm{C}=\mathrm{C})_x$- and conjugated $-(\mathrm{C}=\mathrm{N})_x$-bonds. Makrol. Chemie **98** (1966) S. 189–203.

[11] *La Combe, E. M.:* Color formation in polyacrylonitrile. J. Polymer Sci. **24** (1957) S. 152–154.

[12] *Hamada, F.*, und *Takahashi, G.:* Studies on the degradation of polyacrylonitrile in dimethylformamide. II. On the coloration of polyacrylonitrile in solution. Chem. High Polymers, Tokyo **18** (1961) S. 721–727.

[13] *Overberger, C. G.*, *Yuki, H.*, und *Urakawa, N.:* Polymerization of methacrylonitrile with potassium in ammonia. J. Polymer Sci. **25** (1960) S. 127–144.

[14] *Schurz, J.:* Discoloration effects in acrylonitrile polymers. J. Polymer Sci. **28** (1958) S. 438–439.

[15] *Schurz, J.*, *Ullrich, A.*, und *Zah, H.:* Untersuchungen an hochpolymeren Acrylderivaten. 9. Mitt. Weitere Versuche zur Hitzeschädigung von Polyacrylnitril. Mh. Chem. **91** (1960) S. 741–748.

[16] *Takata, T.*, und *Taniyama, M.:* Synthesis of model substances for polyacrylonitrile and its copolymers. Part I. Synthesis of model substances for polyacrylonitrile-1. Chem. High Polymers, Tokyo **16** (1959) S. 693–698.

[17] *Takata, T.:* Study on the color formation of polyacrylonitrile and its copolymers. Part I–IV. Chem. High Polymers, Tokyo **19** (1962) S. 641–652; 653 bis 662; 682–689; 690–698.

[18] *Takata, T.*, *Hiroi, I.*, und *Taniyama, M.:* Coloration in acrylonitrile polymers. J. Polymer Sci. A **2** (1964) S. 1567–1585.

[19] *Berlin, A. A.*, *Dubinskaja, A. M.*, und *Moskovskij, Ju. S.:* Thermische Behandlung von in DMF gelöstem Polyacrylnitril. Vysokomol. Soed. (Hochmol. Verbind.) **6** (1964) S. 1938–1943; dt. in: Sowj. Beitr. Faserforsch. u. Textiltechnik **2** (1965) S. 116–119.

[20] *Fester, W.:* Untersuchungen über die Verfärbung von Polyacrylnitril. I. Ultraviolett- und ultrarotspektroskopische Untersuchungen; II. Die Verseifbarkeit des Stickstoffs in verfärbtem Polyacrylnitril. Textil-Rdsch., St. Gallen **20** (1965) S. 1–7; 127–131.

[21] *Fester, W.:* Untersuchungen über die Verfärbung von Polyacrylnitril. IV. Polymeranaloge Umsetzungen an durch Erhitzung verfärbtem Polyacrylnitril. IUPAC-Symp. Macromol. Chem. Prag 1965, Preprint 99.

[22] *Fester, W.:* Untersuchungen über die Verfärbung von Polyacrylnitril. V. Mitt. Melliand Textilber. **47** (1966) S. 673–675.

[23] *Conley, R. T.*, und *Bieron, J. F.:* Thermal stability of polymeric materials. I. Polyacrylonitrile. Amer. Chem. Soc., Div. Paint, Plastics, Printing Ink. Chem., Preprints **20**, No. 1 (1960) S. 325–329; ref. C. A. **57** (1962) S. 4836.

[24] *Conley, R. T.*, und *Bieron, J. F.:* Examination of the oxidative degradation of polyacrylonitrile using infrared spectroscopy. J. appl. Polymer Sci. **7** (1963) S. 1757–1773.

[25] *Dyhrenfurth, E.:* Alkali- und Waschbehandlungen an synthetischen Fasern. Textil-Rdsch., St. Gallen **11** (1956) S. 573–586; 656–687.

[26] *Funt, B. L.*, und *Williams, F. D.:* Electroinitiated anionic polymerization of polyacrylonitrile. J. Polymer Sci. A **2** (1964) S. 865–880.

[27] *Okaya, T., Yoshida, H., Hayashi, K.,* und *Okamura, S.:* ESR study on radicals trapped in inhomogeneously polymerized acrylonitrile. Chem. High Polymers, Tokyo **21** (1964) S. 358–361.

[28] *Ulbricht, J.,* und *Makschin, W.:* Investigations on thermal discolouration of polyacrylonitrile. European Polymer J., im Druck.

[29] *Gröbe, V., Makschin, W., Reichert, H., Sandner, B.,* und *Ulbricht, J.:* Polymerisation von Acrylnitril mit Allyl- und Methallylsulfonaten in organischen Lösungsmitteln. Faserforsch. u. Textiltechnik **18** (1967) S. 573–577.

[30] *Philipp, B.,* und *Dautzenberg, H.:* Über eine abgewandelte Reduktionsmethode zur Bestimmung geringer Schwefelmengen in Acrylnitrilpolymerisaten. Anal. chim. Acta, Amsterdam **30** (1964) S. 384–394.

[31] *Krigbaum, W. R.,* und *Kotliar, A. M.:* The molecular weight of polyacrylonitrile. J. Polymer Sci. **32** (1958) S. 324–341.

[32] *Bremer, H.,* und *Henrion, G.:* Eine einfache, automatisch arbeitende Thermowaage. Chem. Technik **18** (1966) S. 368–369.

[33] *Kennedy, J. P.* und *Fontana, C. M.:* The thermal degradation of polyacrylonitrile. J. Polymer Sci. **39** (1959) S. 501–506.

[34] *Kaesche-Krischer, B.:* Zur Pyrolyse und Oxydation von Kunststoffen. Chemie-Ing.-Technik **37** (1965) S. 944 bis 951.

[35] *Thompson, E. V.:* The thermal behavior of acrylonitrile polymers. I. On the decomposition of polyacrylonitrile between 250 and 325 °C. J. Polymer Sci. B **4** (1966) S. 361–366.

[36] *Krigbaum, W. R.,* und *Tokita, N.:* Melting point depression study of polyacrylonitrile. J. Polymer Sci. **43** (1960) S. 467–488.

[37] *Straus, R.,* und *Madorsky, S. L.:* Thermal degradation of polyacrylonitrile, polybutadien and copolymers of butadien with acrylonitrile and styrene. J. Res. nat. Bur. Standards **61** (1958) S. 77–81.

[38] *Madorsky, S. L.:* Thermal degradation of organic polymers, Interscience Publ., New York 1964, S. 196.

[39] *McNeill, I. C.:* Thermal volatilization analysis: A new method for the characterization of polymers and the study of polymer degradation. J. Polymer Sci. A–1, **4** (1966) S. 2479–2485.

[40] *Makschin, W.,* und *Ulbricht, J.:* Untersuchungen zur thermischen Verfärbung des Polyacrylnitrils. Messung der Verfärbung und Vorrichtung zur Prüfung der thermischen Beständigkeit von Polyacrylnitrilpulvern. Faserforsch. u. Textiltechnik **20** (1969) 2, S. 98–101.

[41] *Philipp, B., Ulbricht, J.,* und *Schmidt, J.:* Zur Elementarzusammensetzung verschieden hergestellter Acrylnitrilpolymerisate. Faserforsch. u. Textiltechnik **15** (1964) S. 260–266.

[42] *Philipp, B., Reichert, H., Gröbe, V.,* und *Tryonadt, A.:* Zur Titration saurer Gruppen in Rein- und Copolymeren des Acrylnitrils. Faserforsch. u. Textiltechnik **15** (1964) S. 304–315.

[43] *Tsuda, Y.:* A tracer study of the persulfate-bisulfite-catalyzed polymerization of acrylonitrile. J. appl. Polymer Sci. **5** (1961) S. 104–107.

[44] *Makschin, W.,* und *Ulbricht, J.:* Untersuchungen zur thermischen Verfärbung des Polyacrylnitrils. Thermische Abspaltung von Blausäure aus Polyacrylnitril. Faserforsch. u. Textiltechnik, im Druck.

[45] *Stevens, C. L.,* und *French, J. C.:* Nitrogen analogs of ketenes. A new method of preparation. J. amer. chem. Soc. **75** (1953) S. 657–660.

[46] *Brandrup, J., Kirby, J. R.,* und *Peebles, L. H.:* On the chromophore of polyacrylonitrile. III. The mechanism of ketone formation in polyacrylonitrile. Macromolecules **1** (1968) S. 59–63.

[47] *Ulbricht, J.:* Über die Lösungspolymerisation des Acrylnitrils. Habilitations-Schrift, TH Leuna-Merseburg **1964**, S. 73, 128, 134.

Eingegangen am 1. November 1968

Faserforschung und Textiltechnik 20 (1969) Heft 4

Zur Kinetik der Xanthogenatbildung und -zersetzung bei einigen niedermolekularen Alkoholen und einfachen Zuckern

Teil II: Ergebnisse zur Xanthogenatzersetzung und zusammenfassende Diskussion[1])

Burkart Philipp, Horst Dautzenberg und Willi Schmiga

Deutsche Akademie der Wissenschaften zu Berlin, Institut für Faserstoff-Forschung in Teltow-Seehof

VEB Sächsisches Kunstseidenwerk „Siegfried Rädel" Pirna

DK 547.494.254.07:541.124:543.253:547.26:547.455

Mit Hilfe einer polarographischen Methode wurde die Zersetzungsgeschwindigkeit der Xanthogenate verschiedener Alkohole und Zucker im alkalischen Bereich gemessen und zur Bildungsgeschwindigkeit der Xanthogenate in Beziehung gesetzt. Der unter Mitwirkung von Wassermolekeln unter CS_2-Abspaltung verlaufende Zerfall kann formal als Umkehrung der Bildungsreaktion angesehen und somit der Quotient der Geschwindigkeitskonstanten aus Hin- und Rückreaktion als Maß für die Stabilität eines Xanthogenats verwendet werden. Diese Stabilitätskonstante, wie auch die einzelnen Geschwindigkeitskonstanten, werden nach dem hier vorliegenden Versuchsmaterial vor allem durch die Acidität der alkoholischen Hydroxylgruppe bestimmt.

О кинетике образования и разложения ксантогенатов некоторых низкомолекулярных спиртов и простых сахаров

Часть II: Результаты, полученные при разложении ксантогенатов и сводная дискуссия

При применении одного поляpографического метода была определена скорость разложения ксантогенатов различных спиртов и сахаров в щелочной среде и сопоставлена со скоростью образования этих ксантогенатов. Распад, протекающий с отщеплением сероуглерода при участии молекул воды, формально может рассматриваться как реверсирование реакции образования. Следовательно, соотношение констант скорости обеих реакций может характеризовать устойчивость любого ксантогената. Как вытекает из полученного экспериментального материала, определяющим фактором для величины этой константы устойчивости и отдельных констант скорости является, прежде всего, кислотность спиртовой гидроксильной группы.

Kinetics of Formation and Decomposition of the Xanthates of Some Low Molecular Weight Alcohols and Monosaccharides

Part II. Results of Decomposition Experiments and Discussion

With the xanthates of various alcohols and saccharides the rate of decomposition in the alkaline region was determined by a polarographic method and related to the rate of formation. The decomposition, proceeding with participation of water molecules and release of CS_2, can be considered as reverse formation, and the ratio of the rate constants of the forward and reverse reaction may be used as a measure of the stability of xanthates. The rate and stability constants are mainly affected by the acidity of alcoholic hydroxyl groups.

1. *Einführung und ergänzende methodische Bemerkungen*

Im ersten Teil [1] dieser Arbeit hatten wir die Xanthogenatbildungsgeschwindigkeit verschiedener Alkohole und Zucker verglichen und dabei „scheinbare" und „wahre" RGK der Xanthogenatbildung gegenübergestellt sowie den gegenläufigen Einfluß von Acidität des Alkohols bzw. Zuckers und Nukleophilie des entsprechenden Anions auf die scheinbare RGK k_x der Xanthogenatbildung erörtert. Beide Faktoren sollen nun in ihrer Auswirkung auf die Dexanthogenierungsgeschwindigkeit betrachtet werden, wobei wir gleichzeitig versuchten, aus den RGK der Xanthogenatbildung und -zersetzung zu quantitativen Aussagen über die Stabilität verschiedener Xanthogenate, d. h. über die Gleichgewichtslage der Reaktion $ROCSS' \rightleftharpoons RO' + CS_2$ bzw. $ROCSS' + H_2O \rightleftharpoons ROH + CS_2 + OH'$ zu gelangen. Wie im ersten Teil dieser Arbeit sowie in früheren Veröffentlichungen [2, 3] von uns ausführlich dargelegt wurde, läßt sich eine Geschwindigkeitskonstante erster Ordnung k_{Dex} für die Xanthogenatzersetzung aus der zeitlichen Zunahme der CS_2-Konzentration ermitteln, wenn vorausgesetzt werden kann, daß erstens der Xanthogenatzerfall nur nach dem oben angegebenen Mechanismus erfolgt, und daß zweitens auf Grund geeigneter Anfangsbedingungen ($[H_2O] \gg [ROCSS']$; $[ROCSS'] \gg [ROH]$, $[OH']$) die Konzentration des Wassers praktisch konstant bleibt und der durch Xanthogenatzersetzung entstehende CS_2 nicht in nennenswertem Umfange durch „Folgereaktionen" (Rexanthogenierung, Dithiocarbonatbildung sowie „physikalische" Verluste durch Verdunstung) verbraucht wird und somit quantitativ als Zunahme der polarographischen Stufenhöhe erfaßt werden kann. Sofern — wie bei den meisten hier betrachteten ein- und mehrwertigen Alkoholen — alle im Molekül anwesenden Xanthogenatgruppen reaktionskinetisch gleichwertig sind, kann für eine gegebene Temperatur die Xanthogenatzersetzung durch k_{Dex} eindeutig charakterisiert werden. Liegen dagegen im gleichen Molekül Xanthogenatgruppen unterschiedlicher Beständigkeit vor, so stellt das aus der konstanten Anfangsgeschwindigkeit der CS_2-Bildung ermittelte k_{Dex} einen von der jeweiligen Xanthogenatgruppenverteilung abhängigen Momentanwert dar, der im Verlaufe der Zersetzung des Xanthogenats abnimmt und erst dann konstant bleibt, wenn nur noch eine, und zwar die stabilste Art von Xanthogenatgruppen anwesend ist, deren Zersetzungsgeschwindigkeit dann durch diesen schließlich erreichten konstanten Wert von k_{Dex} wieder eindeutig charakterisiert ist. Zur unabhängigen Kontrolle dieses Wertes und zur Bestimmung der Zersetzungs-RGK der instabilen Spezies von Xanthogenatgruppen kann — beispielsweise auch bei Zuckerxanthogenaten — die von *Samuelson* (z. B. [4]) für Cellulosexanthogenat entwickelte Methode dienen, bei der die zeitliche Abnahme der Xanthogenatgruppenkonzentration bzw. des Substitutionsgrades über einen größeren Bereich verfolgt und dann nach einem Geschwindigkeitsgesetz erster Ordnung ausgewertet wird.

[1]) Teil I s. [1].

Tabelle 1. RGK k_{Dex} verschiedener Alkohole im Vergleich zu K_{Diss} und k_x' bei 20°C und $J = 1$

Alkohol	$10^5 \cdot k_{Dex}$ [min⁻¹]	$10^{16} K_{Diss}$	k_x' [min⁻¹ mol⁻¹]
Methanol	2,7	2,9	21
Äthanol	0,71	1,0	12
n-Propanol	0,53	(0,5)	16
i-Propanol	0,13	(0,08)	17
n-Butanol-(1)	1,08	(0,6)	16
t-Butanol	0,084	(0,07)	10
Benzylalkohol	38	(3,8)?	28?
Trifluoräthanol	5000	4300	0,03
Äthylenglykol	7,6	17	4
Di- und Triglykol	19	(24)	4,5
Polyglykole	19	(24)	4,5
Äthylenglykol-monoäthyläther	19	15	3,6
1,3-Butandiol	2,8	—	—
1,4-Butandiol	0,95	—	—
Triäthanolamin	173	(60)	4,3

2. *Versuchsergebnisse und ihre Auswertung*

2.1. *Zersetzung von Xanthogenaten verschiedener Alkohole in wäßriger Lösung*

Die bei 20°C, einem pH-Wert von 8,5 und einer Ionenstärke von ca. 1 ermittelten Werte von k_{Dex} sollen für eine Reihe ein- und mehrwertiger Alkohole anhand von Tabelle 1 diskutiert werden, in der z. T. auch die Dissoziationskonstante des Alkohols K_{Diss} und die wahre Xanthogenatbildungs-RGK k_x' als Maßzahl für die Nukleophilie des Alkoxyanions gegenüber CS_2 mit angeführt sind.

Aus den angegebenen Zahlenwerten läßt sich ein gewisser Zusammenhang der Dexanthogenierungs-RGK sowohl mit der Dissoziationskonstanten des Alkohols (vgl. Bild 1) als auch mit der Nukleophilie des Alkoxyanions erkennen, indem k_{Dex} generell mit steigendem K_{Diss} und meist auch mit fallendem k_x' zunimmt. Zwischen $\log k_{Dex}$ und $\log K_{Diss}$ besteht für die in Bild 1 eingezeichneten Wertepaare ein gesicherter linearer Zusammenhang (Korrelationskoeffizient $r = 0{,}95$, statistische Sicherheit $> 99\%$), wobei aus einem Richtungsfaktor von annähernd 1 für diese Korrelationsgerade auf eine Beziehung $k_{Dex} = a \cdot K_{Diss}$ zwischen den beiden Größen geschlossen werden kann. Nicht mit berücksichtigt wurde bei dieser Betrachtung der — übrigens recht genau auf die Korrelationsgerade fallende — abgeschätzte Minimalwert für k_{Dex} des Trifluoräthylxanthogenats sowie der stärker von der Geraden abweichende Wert für Benzylalkohol, da hier aus unseren Versuchsdaten zur Xanthogenierung wie zur Dexanthogenierung gefolgert werden muß, daß die nach den Angaben von *J. Hine* und *M. Hine* (vgl. [1]) abgeschätzte Dissoziationskonstante wesentlich zu niedrig liegt. In phänomenologischer Hinsicht bemerkenswert erscheint die im Vergleich zur Xanthogenatbildungsreaktion noch stärkere Beschleunigung der Dexanthogenierung durch eine Gruppierung $-O-C-C-O-C{\overset{S}{\underset{S'}{\lessgtr}}}$, die als Sonderfall das Xanthogenat eines vicinalen Diols einschließt. Die beobachtete Abstufung in k_{Dex} für die Xanthogenate des Glykols, 1,3-Butandiols und 1,4-Butandiols entspricht dann einer durchaus zu erwartenden Abnahme des Einflusses der unsubstituierten Hydroxylgruppe auf die Geschwindigkeit der CS_2-Abspaltung mit ihrer Entfernung von der Xanthogenatgruppe.

2.2. *Zersetzung von Zuckerxanthogenaten in wäßriger Lösung*

Im Gegensatz zur Xanthogenatbildung läßt sich für die Dexanthogenierungsreaktion einfacher Zucker mit der hier angewandten Methodik eine Einzel-RGK der Abspaltung der „stabilen" Xanthogenatgruppen wie auch ein RGK-Mittelwert für die Zersetzung der „instabilen" Xanthogenatgruppen voraussetzungsfrei berechnen, wobei es auf Grund des für Zuckerxanthate und für Cellulosexanthat bereits vorliegenden Materials (z. B. [5]) wie auch der Versuchsergebnisse dieser Arbeit (s. Vergleich Glucose — Xylose in Bild 2) sicher gerechtfertigt ist, das „stabile" Xanthogenat

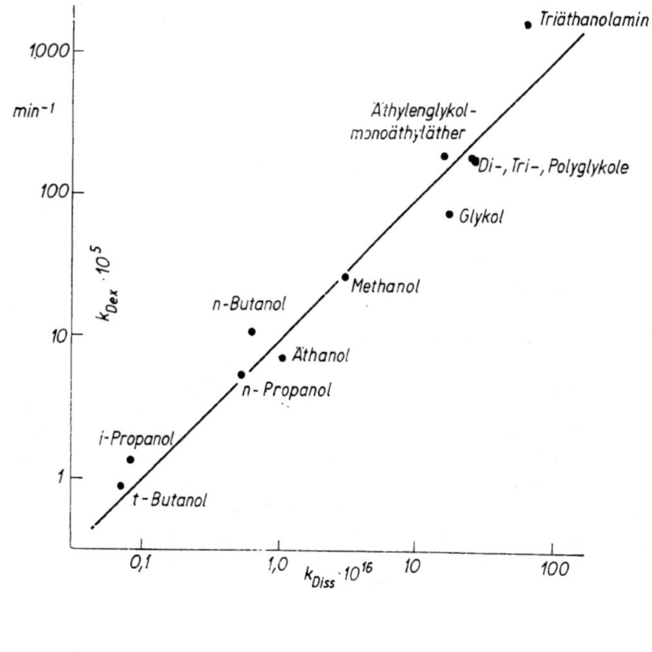

Bild 1. Zusammenhang zwischen der bei 20°C und $J = 1$ gemessenen Dexanthogenierungs-RGK verschiedener Xanthogenate und der Dissoziationskonstanten des zugrundeliegenden Alkohols

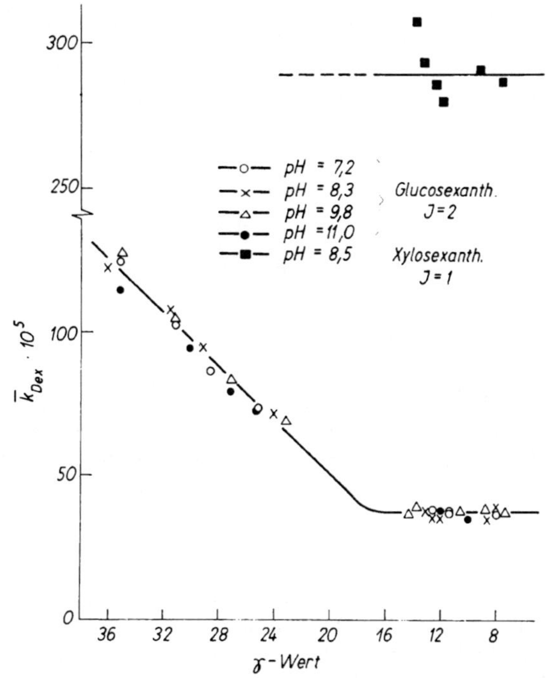

Bild 2. Mittlere Dexanthogenierungs-RGK k_{Dex} von Glucose- und Xylosexanthogenat in Abhängigkeit vom γ-Wert bei 20 °C und verschiedenen pH-Werten

der isolierten C_6-Stellung zuzuordnen. In Bild 2 ist der Verlauf des Durchschnittswertes $\bar{k}_{Dex}$ mit fallendem Substitutionsgrad bei längerem Stehenlassen einer Glucosexanthogenat- und einer Xylosexanthogenatlösung dargestellt. Jeder Punkt ist dabei das Ergebnis einer kinetischen Meßreihe zur Ermittlung von $\bar{k}_{Dex}$. Nach anfänglichem Abfall von $\bar{k}_{Dex}$ bei Glucosexanthogenat entsprechend einer zunehmenden Verschiebung des Mengenverhältnisses von „instabilen" zu „stabilen" Xanthogenatgruppen zugunsten der letzteren wird $\bar{k}_{Dex}$ schließlich konstant, wenn alle instabilen Xanthogenatgruppen abgespalten sind und somit $_6k_{Dex}$ eines reinen C_6-Xanthogenats gemessen wird, während bei Xylosexanthogenat $\bar{k}_{Dex}$ über den untersuchten Bereich des Substitutionsgrades praktisch unverändert bleibt und wie erwartet recht hoch liegt. Man darf daraus schließen, daß bei Xylosexanthogenat nur eine Art von Xanthogenatgruppen vorhanden ist. Der Zerfall des bei der Xanthogenatbildung wahrscheinlich mit entstehenden C_1-Xanthogenates [vgl. [1]) verläuft offenbar so rasch, daß keine Anreicherung von C_1-Xanthogenat in der Lösung erfolgen kann und dessen Zerfall schon während der Vorbereitung zur ersten RGK-Messung beendet ist, somit also unter unseren Arbeitsbedingungen nur die Zersetzungs-RGK einer an C_2, C_3 oder C_4 befindlichen Xanthogenatgruppe erfaßt wird. Ein Variieren des pH-Wertes innerhalb ziemlich weiter Grenzen führte zu keiner gesicherten Änderung im Verlauf von $\bar{k}_{Dex}$ bei Glucosexanthogenat. Die Zerfallsreaktion verläuft also, wie früher bereits von uns für Äthylxanthogenat gezeigt wurde [3], in weiten Grenzen pH-unabhängig.

In Tabelle 2 sind die Einzel-RGK-Werte der Dexanthogenierung für isolierte und vicinale Xanthogenatgruppen der verschiedenen Zucker und Zuckerderivate zusammengestellt. Für die Dexanthogenierungs-RGK der isolierten Xanthogenatgruppe $_6k_{Dex}$ zeigte sich eine recht gute Übereinstimmung zwischen den nach beiden, voneinander unabhängigen Methoden ermittelten Werten. Die Stellung der vicinalen Hydroxylgruppen im Zuckerring, wie auch die Knüpfung einer glycosidischen Bindung am C_1-Atom scheint $_6k_{Dex}$ nur wenig zu beeinflussen, sofern man monomere Hexosen bzw. die Cellobiose betrachtet, während bei Cellulose im Vergleich hierzu $_6k_{Dex}$ um ca. 30% niedriger liegt. Gegenüber der xanthogenierten Hydroxylgruppe eines einwertigen Alkohols ist für die isolierte Xanthogenatgruppe am C_6-Atom eines Zuckers eine Erhöhung der Dexanthogenierungs-RGK auf etwa das Zehnfache bis Fünfzigfache festzustellen, für die man als Erklärung zunächst wieder die beschleunigende Wirkung der Glykoläthergruppierung (Sauerstoffbrücke zwischen C_5 und C_1) heranziehen könnte, die ihrerseits auf eine Erhöhung von K_{Diss} für die betreffende Hydroxylgruppe zurückzuführen sein dürfte. Allerdings scheint darüber hinaus noch ein spezieller Einfluß der Zuckerstruktur zu bestehen; denn gegenüber dem Xanthogenat des Äthylenglykolmonoäthyläthers ergibt sich eine nochmalige Erhöhung von $_6k_{Dex}$ auf etwa das Doppelte. Die Dexanthogenierungs-RGK der vicinalen Gruppen $_{vic}k_{Dex}$ unterscheidet sich für Xanthogenate der Glucose, Xylose und Glucuronsäure nur wenig, während sie für Mannosexanthogenat deutlich niedriger liegt. Ein signifikanter Anstieg für $_{vic}k_{Dex}$ ist dagegen zu verzeichnen, wenn vom C_1-Atom aus eine Glucosidbindung geknüpft wird, wobei sich eine Reihenfolge Glucose —

Tabelle 2. RGK der Dexanthogenierung für verschiedene Zucker und Zuckerderivate (pH = 8,5, 20 °C, Ionenstärke J = 1)

Xanthogenat von	$10^5\,_{vic}k_{Dex}$ [min^{-1}] vicinale Gruppen	$10^5\,_6k_{Dex}$ [min^{-1}] isolierte Gruppe	
		polarogr.	Meth. n. *Samuelson*
Glucose	337	42	41
Mannose	256	42,5	—
Xylose	287	entfällt	
Glucuronsäure	291	entfällt	
β-Methylglucosid	665	42	—
Cellobiose	422	43	—
Cellulose zum Vergleich pH = 8,5	510	29	—
pH ≈ 13	540 [2]	—	31 [2]

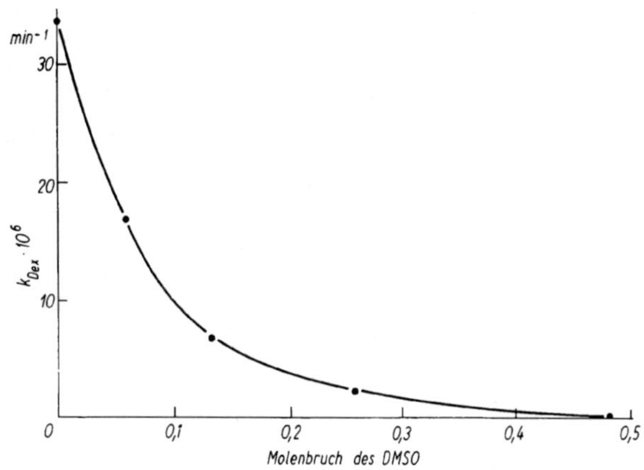

Bild 3. Dexanthogenierungs-RGK von Methylxanthogenat in $DMSO/H_2O$-Gemischen in Abhängigkeit vom Molenbruch des DMSO
(Meßbedingungen: 0,1 m K-Methylxanthogenat, 0,01 m Na_2CO_3, 20 °C)

Cellobiose — Cellulose — β-Methylglucosid sowohl hinsichtlich der Zunahme von $_{\text{vic}}k_{\text{Dex}}$ als auch hinsichtlich zunehmender Blockierung der Halbacetalgruppe an C_1 durch Glucosidbildung ergibt. Zumindest für eine am C_2-Atom lokalisierte Xanthogenatgruppe könnte diese Beschleunigung des Xanthogenatzerfalls durch das Auftreten einer zusätzlichen Glykoläthergruppierung bei der Glucosidbildung erklärt werden. Aber auch eine Änderung der Aciditätsverhältnisse im Zuckerring durch Blockierung der vermutlich stark aciden Halbacetalgruppe am C_1-Atom ist möglicherweise in Betracht zu ziehen.

2.3. Zersetzung von Kaliummethylxanthogenat in Dimethylsulfoxid/Wasser-Gemischen

In einer früheren Publikation zur Kinetik des Zerfalls von Äthylxanthogenat [3] hatten wir auf Grund des dort beobachteten Ionenstärkeeinflusses eine direkte Beteiligung von Wassermolekeln an der Zersetzungsreaktion für wahrscheinlich gehalten. Zur weiteren Klärung dieser Frage wurde die Geschwindigkeit des Zerfalls von *K*-Methylxanthogenat in gepufferten DMSO/H_2O-Gemischen (0,01 m Na_2CO_3, 0,1 m *K*-Methylxanthogenat) bei 20 °C verfolgt (vgl. [6], hinsichtlich der Meßmethodik [7]). Entsprechend Bild 3 ergibt sich eine Abnahme der Zersetzungs-RGK k_{Dex} um mehr als zwei Zehnerpotenzen bei einer Verringerung des Molenbruchs des Wassers γ_{H_2O} von 1,0 auf 0,5. Diese Abnahme folgt der Beziehung $k = k_0 \cdot e^{A \cdot \gamma_{H_2O}}$, wobei k_0, die Dexanthogenierungs-RGK in reinem DMSO ($\gamma_{H_2O}=0$), unter den hier angewandten Meßbedingungen einen Wert von $k_0 = 5{,}6 \cdot 10^{-10}\ \text{min}^{-1}$ annimmt und der Zahlenfaktor A gleich 11,0 ist. Auf Grund dieser Abhängigkeit der Zersetzungs-RGK k_{Dex} von γ_{H_2O} wie auch des früher beobachteten Ionenstärkeeinflusses auf k_{Dex}, wobei der gefundene Zusammenhang $k = k_0^* \cdot e^{B \cdot J}$ ($k_0^* = k_{\text{Dex}}$ für $J = 0$) auf eine geschwindigkeitsbestimmende Umsetzung zwischen dem Xanthogenation und Wasser hindeutet (z. B. [8]), halten wir einen Zerfall nach

$$ROCSS' + H_2O \rightarrow ROH + CS_2 + OH'$$

für gesichert, wobei der Angriff der H_2O-Molekel vermutlich am O-Atom der Xanthogenatgruppe erfolgt und dann eine Bindungsverschiebung unter gleichzeitigem Zerfall entsprechend folgendem Schema stattfindet:

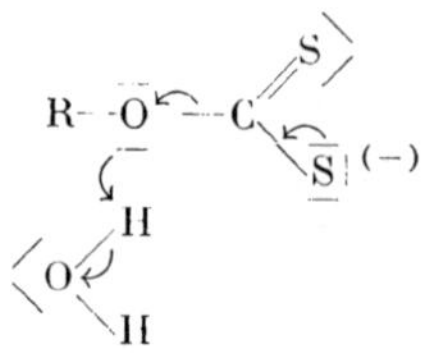

3. Diskussion der Ergebnisse zur Xanthogenatbildung und -zersetzung

Die in dieser Arbeit erhaltenen Ergebnisse bestätigen das bereits früher von uns [3] für Xanthogenatbildung und -zersetzung vorgeschlagene Reaktionsschema

$$ROH + CS_2 + OH' \underset{k'_{\text{Dex}}}{\overset{k_x}{\rightleftharpoons}} ROCSS' + H_2O.$$

Die Bildungsreaktion verläuft offensichtlich über ein sich rasch einstellendes, vorgelagertes Dissoziationsgleichgewicht mit dem anschließenden geschwindigkeitsbestimmenden Schritt einer bimolekularen Umsetzung zwischen Alkoxyanion und CS_2, während für die Zersetzung eine Reaktion zwischen Xanthogenation und Wasser als geschwindigkeitsbestimmend angenommen werden kann. In dem hier interessierenden pH-Bereich zwischen 8 und 14 kann man durchaus von einem „Xanthogenierungs/Dexanthogenierungs-Gleichgewicht" sprechen, sollte dabei jedoch bedenken, daß es sich 1. nur um ein „Quasigleichgewicht" handelt, indem CS_2 durch irreversible Umsetzung zu Nebenprodukten (Di- und Trithiocarbonat) laufend aus dem System entfernt wird, und daß 2. ein Xanthogenatzerfall entsprechend dem angegebenen Schema nur *eine* der möglichen Zersetzungsreaktionen ist, die allerdings in dem betrachteten pH-Bereich bei weitem überwiegt.

Tabelle 3. Stabilitätskonstanten K verschiedener Xanthogenate bei 20 °C

Xanthogenat von	Stabilitäts-konstante K	Bemerkungen
Methanol	22000	
Äthanol	16000	
n-Propanol	15000	
i-Propanol	10000	
n-Butanol	9000	
t-Butanol	12000	
Trifluoräthanol	< 30	
Äthylenglykol	4000	
Diglykol u. Polyglykole	3000	
Äthylenglycol-monoäthyläther	2900	
1,3-Butandiol	10700	
1,4-Butandiol	10500	
Triäthanolamin	500	
Glucose, Mannose, Xylose	≈ 1200	für Xanthogenatgruppen an C_6 bei Hexosen
Glucuronsäure, β-Methylglucosid, Cellobiose	≈ 300	für Xanthogenatgruppen an C_2, C_3, C_4

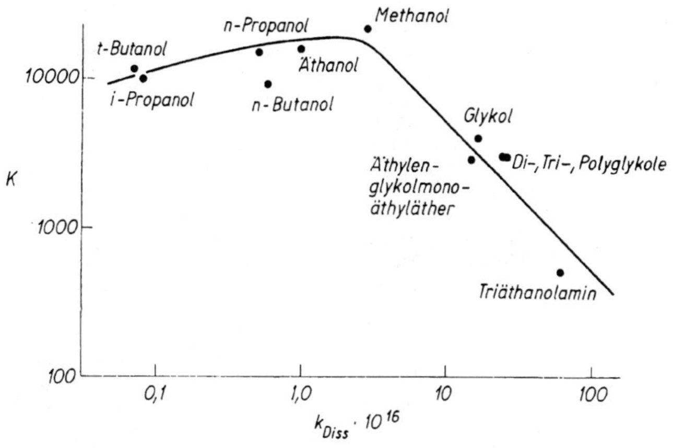

Bild 4. Zusammenhang zwischen der Stabilitätskonstanten K von Xanthogenaten und der Dissoziationskonstanten des zugrundeliegenden Alkohols

Es erscheint sinnvoll, zum Vergleich der Stabilität verschiedener Xanthogenate den Quotienten K aus der auf die einzelne Hydroxylgruppe bezogenen Bildungs-RGK (k_x pro OH-Gruppe) und der Zersetzungs-RGK k_{Dex} heranzuziehen (Tabelle 3).

Ein Vergleich der Werte für K ergibt nur geringe Unterschiede innerhalb der Gruppe der einwertigen Alkohole ohne zusätzliche Substituenten und läßt die geringere Stabilität von Xanthogenaten mit einer Gruppierung —O—C—C—O—CSS′ (Glykol- bzw. Glykolätherxanthogenat, Zuckerxanthogenate) deutlich erkennen. Mit steigender Dissoziationskonstanten K_{Diss} des Alkohols ändert sich die Stabilitätskonstante K zunächst nur wenig, indem ein Anstieg von k_{Dex} durch die gleichzeitige Zunahme der scheinbaren Xanthogenierungs-RGK k_x weitgehend kompensiert wird, fällt dann jedoch oberhalb $K_{Diss} > 10^{-15}$ stark ab (Bild 4). Nach den von uns erhaltenen Ergebnissen scheinen alle zur Charakterisierung von Xanthogenatbildung und -zerfall herangezogenen Kenngrößen, nämlich die „scheinbare" Bildungs-RGK k_x, die „wahre" Bildungs-RGK k_x', die Zersetzungs-RGK k_{Dex} und die Stabilitätskonstante K in erster Linie durch die Acidität der Hydroxylgruppe, also durch die Dissoziationskonstante K_{Diss} des Alkohols bzw. Zuckers bestimmt zu werden. Mit steigender K_{Diss} sinkt k_x', k_{Dex} nimmt zu, während k_x ein Maximum bei etwa $K_{Diss} \approx 10^{-13}$ durchläuft, indem im Bereiche niedriger Acidität die Zunahme von [RO′] mit K_{Diss} eine Abnahme der Nukleophilie des Alkoxyanions gegenüber CS_2 (Abnahme von k_x') zunächst überkompensiert. Für die Stabilitätskonstante K deutet sich entsprechend Bild 4 ebenfalls ein schwaches Maximum an, das auf die unterschiedliche Zunahme von k_x und k_{Dex} mit K_{Diss} bei niedrigen K_{Diss} zurückzuführen wäre und gegenüber dem Maximum für k_x bei einem niedrigeren Wert von K_{Diss} liegt (K_{Diss} 10^{-15} bis 10^{-16}). Ob und inwieweit neben diesem Aciditätseinfluß als wesentlicher Größe noch spezielle Substituenteneinflüsse oder sterische Faktoren (*n*-, *i*-, *t*-Stellung der OH-Gruppe, Einbau der OH-Gruppe in einen Zuckerring, Koppelung dreier —C—C—OH-Gruppierungen im Triäthanolamin) bei Xanthogenierung und Dexanthogenierung wirksam werden, muß wegen der unvollständigen und z. T. unsicheren Angaben für K_{Diss} vorerst weitgehend offen bleiben.

Dieses Fehlen zuverlässiger Daten für K_{Diss} der einzelnen Hydroxylgruppe schränkt vor allem bei den Zuckern die Aussagemöglichkeiten hinsichtlich der sog. „Reaktivität" einzelner OH′-Gruppen bei Xanthogenatbildung und -zerfall stark ein und erlaubt nur Vermutungen anstelle bindender Schlußfolgerungen. Das vorliegende Versuchsmaterial spricht dafür, daß zwischen dem Mittelwert der Xanthogenatbildungs-RGK einer vicinalen OH-Gruppe an C_2 bis C_4 und ${}_6k_x$ der isolierten OH-Gruppe an C_6 kein allzu großer Unterschied besteht, während k_{Dex} für die isolierte Xanthogenatgruppe um ca. eine Zehnerpotenz tiefer liegt als für eine vicinale, so daß ein durchaus gesicherter Unterschied in der Stabilitätskonstanten K vorhanden ist. Mit einer Beteiligung der stärker aciden Halbacetalgruppe an C_1 am Xanthogenierungsverlauf unter rascher Bildung eines offensichtlich recht instabilen C_1-Xanthogenats ist zu rechnen. Zieht man neben den hier gemessenen Werten für ${}_{2\,\text{bis}\,4}\bar{k}_x$ und ${}_{2\,\text{bis}\,4}\bar{k}_{Dex}$ noch die bei den einzelnen Zuckern und Zuckerderivaten unter konstanten Xanthogenierbedingungen maximal erhaltenen Substitutiongrade (vgl. [1]) heran, so erscheinen folgende Überlegungen zur Beteiligung der Hydroxylgruppe an C_2 am Xanthogenierungsverlauf gerechtfertigt: Ein Vergleich von Glucose und Mannose ergibt für letztere niedrigere Werte für ${}_{2\,\text{bis}\,4}\bar{k}_x$, ${}_{2\,\text{bis}\,4}\bar{k}_{Dex}$ und auch für den Substitutionsgrad. Man darf hieraus wohl auf eine allenfalls recht geringe Reaktionsbeteiligung der in axialer Stellung befindlichen Hydroxylgruppe an C_2 der Mannose im Vergleich zur äquatorialen Hydroxylgruppe an C_2 bei Glucose schließen und gleichzeitig vermuten, daß ${}_2k_{Dex} > {}_{3,4}\bar{k}_{Dex}$ ist. Andererseits steigen der Substitutionsgrad pro C_6-Ring wie auch die Dexanthogenierungs-RGK ${}_{2\,\text{bis}\,4}\bar{k}_{Dex}$ in der Reihenfolge Glucose—Cellobiose—Methylglucosid mit zunehmender Blockierung der Halbacetalgruppe an C_1 an. Das ließe sich in Übereinstimmung mit den bisherigen Feststellungen zwanglos durch die Annahme erklären, daß in der gleichen Reihenfolge die Hydroxylgruppe an C_2 zunehmend an der Reaktion beteiligt ist (Anstieg des Substitutionsgrades), und zwar unter Bildung eines ziemlich instabilen Xanthogenats (Anstieg von ${}_{2\,\text{bis}\,4}\bar{k}_{Dex}$ infolge Vorliegens einer Gruppierung —C—O—C_1—C_2—OCSS′). Die Ursachen dieser stärkeren Xanthogenierung an C_2 wäre dann in erster Linie im Wegfall einer sonst möglicherweise bevorzugten Ionisierung der benachbarten OH-Gruppe an C_1 zu sehen, da ja für Glucose zwei Dissoziationsstufen angenommen werden [9] und die höhere der beiden Dissoziationskonstanten vermutlich einer Ionisierung der Halbacetal-Hydroxyl-Gruppe zuzuordnen wäre. Für eine höhere Acidität der Hydroxylgruppe an C_1 würde u. a. ein Vergleich der Dissoziationskonstanten von Mannose und Mannit sprechen [10].

Vergleicht man abschließend die kinetischen Kenngrößen der Xanthogenierung und Dexanthogenierung mit den entsprechenden Werten bei Cellulose, so fügen sich die höhere Stabilität des Cellulose-C_6-Xanthogenats im Vergleich zum $C_{2,3}$-Xanthogenat, das von *Samuelson* [11] und von uns [2] gefundene Verhältnis der Dexanthogenierungs-RGK-Werte ${}_{a}k_{Dex}/{}_{2,3}\bar{k}_{Dex}$ und eine gegenüber C_3 bevorzugte Xanthogenierung an C_2 des einzelnen Kettengliedes zwanglos in die hier diskutierten Vorstellungen ein. Ein gewisser Widerspruch zeigt sich hingegen für die scheinbare Xanthogenierungs-RGK k_x der isolierten gegenüber den vicinalen Hydroxylgruppen: Während aus den Ergebnissen dieser Arbeit auf nur geringe Unterschiede zwischen ${}_{6}k_x$ und ${}_{2\text{ bis }4}\bar{k}_x$ bei Glucose geschlossen werden kann und wahrscheinlich in 0,1 NaOH die OH-Gruppe an C_6 sogar etwas langsamer xanthogeniert wird, stellten wir für Cellulose [2] bei höheren Laugenkonzentrationen in Übereinstimmung mit Überlegungen von *Elmgren* [12] beim Arbeiten in homogener Lösung eine etwa viermal so rasche Xanthogenierung am C-Atom 6 gegenüber C_2 oder C_3 fest, wobei allerdings „k_{xa}-Werte" und nicht „k_x-Werte" zugrunde lagen. Jetzt begonnene Versuche zur homogenen Xanthogenierung hydrolytisch abgebauter Cellulose bei unterschiedlicher NaOH-Konzentration sollen zur Klärung dieser Frage beitragen und könnten möglicherweise gleichzeitig gewisse Rückschlüsse auf Aciditätsunterschiede zwischen den einzelnen Hydroxylgruppen erlauben.

Literatur

[1] *Philipp, B., Dautzenberg, H.*, und *Schmiga, W.:* Zur Kinetik der Xanthogenatbildung und -zersetzung bei einigen niedermolekularen Alkoholen und einfachen Zuckern. 1. Mitt. Versuchsmethodik sowie Ergebnisse zur Xanthogenierung. Faserforsch. u. Textiltechnik **20** (1969) 3, S. 111–117.

[2] *Bär, H. J., Dautzenberg, H.*, und *Philipp, B.:* Kinetische Untersuchungen zur Umxanthogenierung von Cellulosexanthogenat. Faserforsch. u. Textiltechnik **17** (1966) 12, S. 551–558.

[3] *Bär, H. J., Dautzenberg, H.*, und *Philipp, B.:* Zur Kinetik des Äthylxanthogenatzerfalls in wäßriger alkalischer Lösung. Z. physik. Chemie, Leipzig **237** (1968) S. 145–156.

[4] *Dunbrant, St.*, und *Samuelson, O.:* Determination of primary and secondary xanthate groups in cellulose xanthate. J. appl. Polymer Sci. **9** (1965) S. 2489–2499.

[5] *Philipp, B.*, und *Liu, Ke-Tsing:* Zur Substituentenverteilung in Cellulosefaserxanthogenaten und Viskosen. Faserforsch. u. Textiltechnik **10** (1959) 12, S. 555 bis 562.

[6] *Bockmann, T., Haanäs, E.*, und *Ugelstad, J.:* Reaktionsfähigkeit von Alkalihydroxiden in Wasser/Dimethylsulfoxid-Gemischen. Tidsskrift Kjemi, Bergvesen, Metallurki **11** (1964) S. 209–215.

[7] *Philipp, B., Dautzenberg, H.*, und *Lang, H.:* Kinetische Untersuchungen zur Zersetzung von Thiocarbaminaten. Faserforsch. u. Textiltechnik **19** (1968) 7, S. 325 bis 332.

[8] *Wronski, M.:* Zur Kinetik der Xanthogenatreaktion von Saccharose. Zeszyty Nauk Univ. Łódź. Serie II, **5** (1959) S. 181–190.

[9] *Konopik, N.*, und *Leberl, O.:* Österr. Akad. Wiss. Math. Naturwiss. Klasse, Sitzber. Abt. IIb, **158** (1949) S. 655.

[10] *Grau, G. G.:* Gleichgewichte in elektrochemischen Systemen. Konstanten der elektrolytischen Dissoziation. In: Landolt-Börnstein, Zahlenwerte und Funktionen aus Physik — Chemie — Astronomie — Geophysik und Technik. Berlin/Göttingen/Heidelberg: Springer 1960. 6. Aufl., Bd. II, Teil 7, S. 839–927.

[11] *Dolby, I.*, und *Samuelson, O:* Ripening of viscose. 6. Influence of the hydroxide concentration upon the decomposition of cellulose xanthate. Svensk Papperstidn. **68** (1965) S. 136–140.

[12] *Elmgren, H.:* The macromolecular properties of sodium cellulose xanthate in dilute solution. Dissertation Uppsala 1965. Arkiv Kemi **24** (1965) S. 237–282.

Eingegangen am 2. Dezember 1968

Zur thermischen Stabilität von Terephthalsäuredimethylester[1)]

Heinz Zimmermann und Eckehart Schaaf

Deutsche Akademie der Wissenschaften zu Berlin, Institut für Faserstoff-Forschung in Teltow-Seehof

DK 547.261'584:[542.92:536.495]:547.422.22:541.124

In Laborversuchen wurde anhand der Carboxylgruppenzunahme und der Verfärbung untersucht, in welchem Umfang bei einem mehrtägigen Aufbewahren von Terephthalsäuredimethylester im geschmolzenen Zustand eine thermische Schädigung des Esters erfolgt und wie sich durch Abbaureaktion gebildete Carboxylgruppen auf die Umesterungsgeschwindigkeit des Terephthalsäuredimethylesters mit Äthylenglykol auswirken.

К вопросу о термической устойчивости диметилового эфира терефталевой кислоты

В лабораторных условиях изучено влияние хранения диметилового эфира терефталевой кислоты в расплавленном виде в течение нескольких суток на его термическую устойчивость. Для этой цели определялось повышение содержания карбоксильных групп и появление пожелтения. Кроме того, изучено влияние карбоксильных групп, образовавшихся в результате деструкции, на скорость переэтерификации диметилового эфира терефталевой кислоты с этиленгликолем.

Thermal Stability of Dimethyl Ester of Terephthalic Acid

Storage of molten dimethyl ester of terephthalic acid for several days was observed to be accompagnied by thermal degradation resulting in carboxyl groups which affect the rate of transesterification with ethylene glycol. The extent of these reactions was established on laboratory scale by determining the discolouration and increase in carboxyl group content.

1. Einleitung

Der für die Produktion von Polyäthylenterephthalat als Ausgangsmaterial dienende Terephthalsäuredimethylester[2)] fällt bei der Herstellung normalerweise als flüssiges Destillat an, wird dann auf Schuppenwalzen oder ähnlichen Einrichtungen kristallisiert und nach entsprechender Verpackung in ein Werk transportiert, in dem die Weiterverarbeitung zum Polymeren erfolgt. Dabei wird der TDME wieder aufgeschmolzen und mit Äthylenglykol in zwei Stufen zum Polyäthylenterephthalat kondensiert. Der Arbeitsaufwand und die Kosten für die Kristallisation, die Verpackung und das Wiederaufschmelzen des TDME könnten eingespart werden, wenn er gleich in geschmolzener Form transportiert würde, so wie es z. B. bereits im großen Umfange mit Caprolactam für die Polyamidproduktion geschieht. Voraussetzung dafür ist jedoch, daß der TDME eine mehrtätige Lagerung bei Temperaturen oberhalb seines Schmelzpunktes (141 °C), etwa bei 150 bis 180 °C ohne größere Schädigung verträgt. In einigen Patentschriften wird auf eine unzulängliche thermische Stabilität des TDME hingewiesen, zu deren Verbesserung als Stabilisatoren von der Chemische Werke Witten GmbH [1] niedere Alkohole, insbesondere Methanol, und von der Standard Oil Company [2] sterisch gehinderte Phenole und Dialkylphosphite vorgeschlagen werden.

Wie bereits seit langem bekannt ist, werden bei der Pyrolyse organischer Ester Carboxylgruppen und ungesättigte Verbindungen bzw. deren Folgeprodukte gebildet [3]. Eine thermische Schädigung des TDME kommt daher ebenfalls in einer Zunahme der Säurezahl und einer Verfärbung des anfänglich rein weißen Produktes zum Ausdruck [1]. In der vorliegenden Arbeit soll nun quantitativ untersucht werden, in welchem Ausmaß bei einer längeren Lagerung von geschmolzenem TDME in Abhängigkeit von verschiedenen Lagerbedingungen mit einem thermischen oder thermooxydativen Abbau zu rechnen ist und welche Folgen eine derartige Schädigung gegebenenfalls bei der Weiterverarbeitung des TDME hat.

[1)] Auszugsweise vorgetragen auf dem Industriezweigkolloquium „Polyesterfaserstoffe" in Rudolstadt-Schwarza am 10. 10. 1968.

[2)] Im folgenden abgekürzt: TDME.

2. Der thermische Abbau von TDME beim Aufbewahren im geschmolzenen Zustand

2.1. Versuchsmethodik und Analysenmethoden

Zur thermischen Behandlung wurden jeweils 60 g TDME in dickwandige Glasrohre (∅ ca. 2,2 cm) aus Jenaer Glas gefüllt. Die Rohre wurden unter Stickstoffatmosphäre oder unter Luft zugeschmolzen und im Bombenofen bis zu 192 h auf 170 °C ± 2 grd erhitzt. Nach dem Abkühlen wurden die Rohre aus dem Bombenofen herausgenommen, geöffnet und zertrümmert. Der von Glasbruch befreite TDME wurde gemörsert. Anschließend wurden die Verfärbung anhand der *Hazen*-Farbzahl [4] und der Carboxylgruppengehalt der einzelnen Proben bestimmt.

In der Literatur beschriebene Methoden zur Bestimmung der Säurezahl [5, 6] bzw. des Carboxylgruppengehaltes — diese bei Polymeren gebräuchliche Definition sehen wir auch für den TDME wegen der besseren Vergleichsmöglichkeit als zweckmäßiger an — erwiesen sich als zu ungenau, um Carboxylgruppengehalte bis herab zu etwa 0,5 µÄqu./g TDME mit ausreichender Sicherheit erfassen zu können. Wie noch gezeigt wird, muß diese Genauigkeit jedoch verlangt werden. Es war daher zunächst erforderlich, ein geeignetes Titrationsverfahren auszuarbeiten, das diesen Anforderungen genügt.

Zufriedenstellende Ergebnisse erzielten wir bei Verwendung von Aceton als Lösungsmittel für TDME und potentiometrischer Titration[3)] mit 0,02 n NaOH. Die Problematik der Carboxylgruppenbestimmung liegt vor allem in der sicheren Ermittlung des Blindwertes, da der an sich geringe Blindwertverbrauch des Acetons doch schon dem Laugenverbrauch einer TDME-Probe mit geringem Carboxylgruppengehalt nahekommt. Zum anderen ist die Potentialeinstellung in dem nichtwäßrigen Medium verzögert, so daß die Auswertung des Potentiogrammes für den Blindwert erschwert ist. Um den Einfluß des Blindwertes auf die Genauigkeit der Bestimmungsmethode möglichst gering zu halten, ist es zweckmäßig, einen mittleren Blindwert aus einer

[3)] Als Titriergerät wurde ein Potentiograph E 336 der Fa. Metrohm Ltd. Herisau/Schweiz, benutzt.

Tabelle 1. Standardabweichung und Vertrauensbereich der Carboxylgruppenbestimmung in TDME

Probe 3 g TDME	n_i	$\bar{x}_i$	$\bar{x}_i - \bar{x}_B$	s	Carboxylgruppengehalt	s	q
		[ml 0,02 n NaOH]			[µÄqu. COOH/g TDME]		
I	10	0,096	0,061	0,012	0,41	0,08	0,06
II	10	0,136	0,101	0,013	0,67	0,09	0,07
III	10	0,189	0,154	0,012	1,03	0,08	0,06

Blindwert von 100 ml Aceton aus $n_B = 30$:

$\bar{x}_B = 0{,}035$ ml 0,02 n NaOH

$s_B = 0{,}013$ ml 0,02 n NaOH

großen Zahl von Bestimmungen für die gesamte Analysenserie zugrunde zu legen [7]. Die Vorteile dieser Auswertemethode wurden von *Doerffel* in einer theoretischen Betrachtung nochmals überzeugend nachgewiesen [8].

Die Berechnung der Standardabweichung s erfolgt dann nach

$$s = \sqrt{\frac{\sum_{1}^{n_i} (x_i - \bar{x}_i)^2 + \sum_{1}^{n_B} (x_B - \bar{x}_B)^2}{(n_i - 1) + (n_B - 1)}}. \qquad (1)$$

In Tabelle 1 sind die Ergebnisse der Carboxylgruppenbestimmung an drei verschiedenen TDME-Proben und die nach (1) berechneten Standardabweichungen angegeben, aus denen nach

$$q = \pm\, t \cdot \frac{s}{n_i} \qquad (2)$$

der Vertrauensbereich q des Mittelwertes für eine statistische Sicherheit $S = 95\%$ errechnet wurde ($t = 2{,}26$) [7].

Es wird nicht immer möglich, aber auch nicht notwendig sein, zehn Bestimmungen an einer Probe durchzuführen, wie im vorliegenden Falle bei der Erprobung der Methode. Bei wenigen Meßwerten vergrößert sich natürlich der Vertrauensbereich des Mittelwertes. Die Werte in Tabelle 2 zeigen jedoch, daß bereits Doppel- oder Dreifachbestimmungen eine ausreichende Sicherheit gewährleisten. Für die Berechnung wurde die Standardabweichung $s = 0{,}08$ µÄqu. COOH/g TDME zugrunde gelegt. Für die Gesamteinschätzung der Analysenmethode ist es noch von Bedeutung, die Nachweisgrenze [7] zu ermitteln, die nach Gleichung (3) definiert ist:

$$\bar{x} - \bar{x}_B = t \cdot s_B. \qquad (3)$$

Tabelle 2. Vertrauensbereich q_n der Carboxylgruppenbestimmung [µ Äqu. COOH/g TDME]

S %	n: 1	2	3	4	5	10
99	0,26	0,18	0,15	0,13	0,12	0,08
95	0,18	0,13	0,11	0,09	0,08	0,06

Für die von uns angewandten Analysenbedingungen (3 g TDME, 100 ml Aceton) ergibt sich nach (3) eine Nachweisgrenze von

0,18 µÄqu. COOH/g TDME für $S = 95\%$

bzw. 0,23 µÄqu. COOH/g TDME für $S = 99\%$,

das entspricht einer Säurezahl von 0,010 bzw. 0,013.

Als Qualitätskennwert für die Farbe einer TDME-Probe wird zumeist die an einer TDME-Schmelze bestimmte Farbzahl angegeben, die durch visuellen Vergleich mit einer Standardfarblösung ermittelt wird [6]. Eine quantitative spektralphotometrische Bestimmung der Lichtabsorption der Schmelze bei höheren Temperaturen bedingt eine spezielle apparative Ausrüstung, die in den analytischen Labors der Chemiefaserwerke kaum vorhanden sein wird. Wir folgten daher einem Vorschlag von *Wuntke* [9] und maßen die *Hazen*-Farbzahl einer Lösung von TDME in Chloroform.

2.2. *Der Einfluß von Zeitdauer und äußeren Bedingungen der thermischen Einwirkung auf den Abbau von TDME*

Für die Versuche wurde kommerzieller TDME sowjetischer Provenienz eingesetzt, wie er zur Herstellung von PÄT-Fasern verwendet wird. Der Carboxylgruppengehalt lag unterhalb der Erfaßbarkeitsgrenze des von uns entwickelten Titrationsverfahrens. Die *Hazen*-Zahl der Chloroformlösung war < 2. Der Wassergehalt des ungetrockneten Produktes wurde durch *Karl-Fischer*-Titration bestimmt, er betrug 0,061%. Für einen Teil der Versuche wurde der TDME zwei Tage bei 40°C über P_4O_{10} im Vakuum bis auf einen Wassergehalt von etwa 0,005% getrocknet.

In Bild 1 sind die Ergebnisse der Abbauversuche mit getrocknetem TDME zusammengestellt. Nach 192 h haben sich beim Erhitzen der TDME-Proben im Bombenrohr unter Luft etwa 10 bis 15 µÄqu. COOH/g TDME gebildet. Beim Erhitzen unter Stickstoff wurde nach 192 h nur etwa 1 µÄqu. COOH/g TDME gefunden.

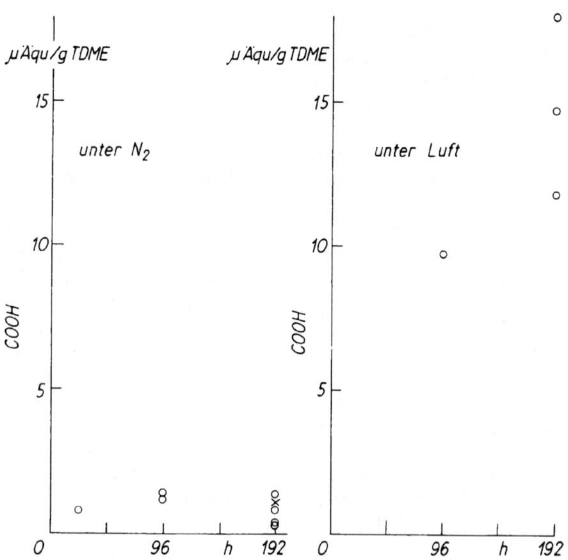

Bild 1. Carboxylgruppengehalt von getrocknetem TDME nach Erhitzen auf 170 °C
(× in Gegenwart von 1,35% Methanol)

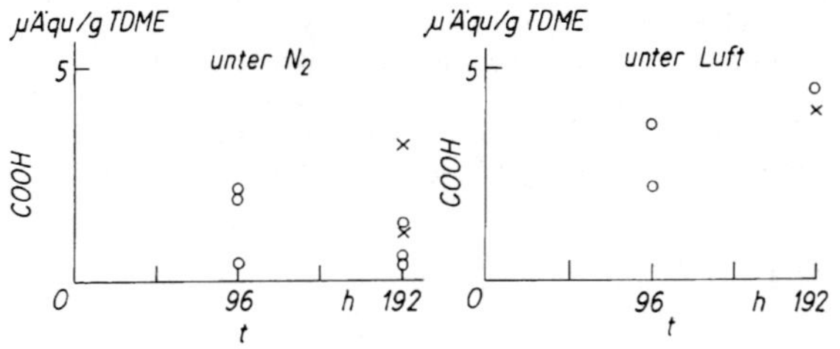

Bild 2. Carboxylgruppengehalt von ungetrocknetem TDME nach Erhitzen auf 170° C
(× in Gegenwart von 1,35% Methanol)

Einen stabilisierenden Einfluß von Methanol konnten wir bei unseren Versuchen nicht nachweisen.

Wenn der TDME nach der Herstellung und Destillation in geschmolzener Form gelagert oder transportiert wird, ist er feuchtigkeitsfrei, bzw. der Zutritt von Wasser kann ohne größere Schwierigkeiten verhindert werden. Die soeben beschriebenen Versuche, ausgehend von getrocknetem TDME, müßten also repräsentativ für das Verhalten eines Flüssig-TDME sein. Wir haben daneben aber auch Versuche durchgeführt, in denen TDME mit einem Wassergehalt von etwa 0,06% eingesetzt wurde, um zu erkennen, wie sich ein geringer Feuchtigkeitsgehalt auf die Lagerfähigkeit in geschmolzenem Zustand auswirkt.

Wie Bild 2 zeigt, ist der Carboxylgruppengehalt nach dem Erhitzen dieser Proben nur wenig höher als bei den getrockneten Proben. Auffallend ist, daß unter Luft die kleinen Feuchtigkeitsmengen einen stabilisierenden Einfluß auszuüben scheinen. Die Carboxylgruppengehalte nach verschieden langer Erhitzungsdauer sind deutlich niedriger als bei den entsprechenden Versuchen mit getrocknetem TDME. Für diesen überraschenden Effekt können wir noch keine voll befriedigende Erklärung geben. Ein Methanolzusatz hatte auch unter diesen Bedingungen keine ausgeprägten Auswirkungen.

Die *Hazen*-Farbzahlen der Chloroformlösungen aller unter den genannten Bedingungen thermisch behandelten TDME-Proben liegen um 5. Lediglich beim Erhitzen der trockenen Proben unter Luft findet man parallel zu den hohen Carboxylgruppengehalten Werte um 10. Eine Beeinflussung der Verfärbung durch den Zusatz von Methanol wurde ebenfalls nicht beobachtet.

Zur *Hazen*-Farbzahl der TDME-Lösung ist noch zu bemerken, daß die Bestimmung mit einer recht großen Unsicherheit behaftet ist. Bei niedrigen *Hazen*-Zahlen, mit denen wir rechnen müssen, gilt zudem das *Lambert/Beer*sche Gesetz nicht [10]. In einen Standard des Reinheitsgrades von TDME kann die *Hazen*-Farbzahl als Mindestforderung mit aufgenommen werden, wir halten sie jedoch nur für bedingt geeignet, einen unterschiedlichen Schädigungsgrad verschiedener TDME-Proben mit der erforderlichen Sicherheit zu charakterisieren. Die Differenzierung zwischen Werten von 5 bis 10, die einer, wie wir noch sehen werden, so schwerwiegenden Carboxylgruppendifferenz von 1 bis 10 parallel geht, ist viel zu gering.

Die Lagerung oder der Transport von geschmolzenem TDME wird zweckmäßigerweise in Metallgefäßen erfolgen. Wir haben deshalb den Einfluß einiger Metalle

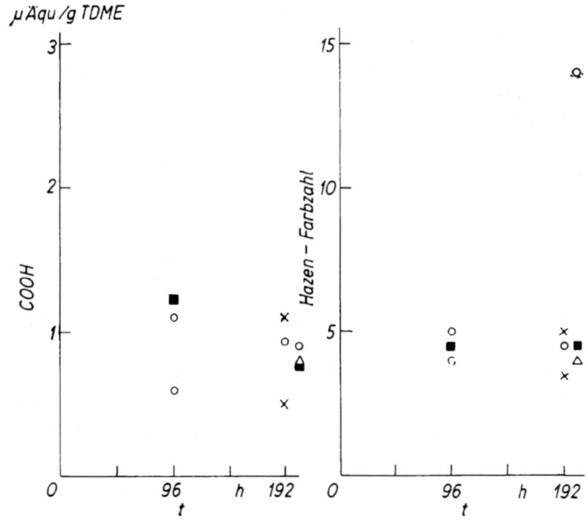

Bild 3. Carboxylgruppengehalt und *Hazen*-Farbzahl von getrocknetem TDME nach Erhitzen auf 170 °C unter N_2 in Gegenwart von:
× keinem Metall
○ Baustahl
■ V4A-Stahl
△ Reinaluminium

auf die thermische Stabilität des TDME untersucht. Ein 20-m³-Behälter (⌀ 2 m), wie er für den Transport etwa in Frage kommen könnte, hat ein Oberflächen/Volumen-Verhältnis von 0,024 cm²/1 cm³. Bei den Abbauversuchen wurde das Verhältnis von Metalloberfläche zu TDME-Volumen etwas größer gewählt, um einen eventuellen Einfluß des Metalles auf die thermische Stabilität des Esters stärker hervortreten zu lassen. Zu diesem Zweck wurden Vierkantstäbe aus Baustahl, V4A-Stahl und Reinaluminium mit einer Oberfläche von jeweils 20 cm², das entspricht einem Verhältnis von 0,2 cm²/1 cm³ TDME, eingesetzt. Die Metallkörper hatten eine gehobelte Oberfläche und wurden vor der erstmaligen Verwendung mit Benzin gereinigt, kurzzeitig in geschmolzenem TDME erhitzt und dann zusammen mit dem getrockneten TDME unter Stickstoff im Bombenrohr eingeschmolzen.

Bild 3 zeigt, daß keines der verwendeten Metalle einen erkennbaren schädigenden Einfluß auf die TDME-Schmelze ausübt. Die Werte liegen alle in dem durch die Kreuze gekennzeichneten Bereich der Ergebnisse von Abbauversuchen ohne Anwesenheit von Metallen. Die starke Verfärbung der einen Probe in Gegenwart von Baustahl wurde beobachtet, als der Stab das erste Mal eingesetzt wurde. Nach mehrmaligem Gebrauch tritt offensichtlich eine Desaktivierung der Oberfläche ein.

Die Ergebnisse der Abbauversuche zusammenfassend, kann man konstatieren, daß trockener TDME nach einer bis zu achttägigen Lagerung bei 170 °C unter Stickstoff Carboxylgruppengehalte um 1 µÄqu./gTDME aufweist und die *Hazen*-Farbzahl der Chloroformlösung etwa 5 beträgt. Das Aufbewahren in Gegenwart von Metallen hat keinen stärker schädigenden Einfluß. Der Zutritt von Luft oder Feuchtigkeit sollte jedoch vermieden werden. Einen stabilisierenden Einfluß von Methanol konnten wir unter unseren Versuchsbedingungen nicht nachweisen. Im übrigen dürfte eine Stabilisierung des TDME mit Methanol in der praktischen Ausführung recht problematisch sein. Eine begrenzte zugesetzte Methanolmenge würde im offenen System bei etwa 170 °C in kurzer Zeit entweichen, eine kontinuierliche Zuführung von Methanol dürfte zumindest für Transportfahrzeuge einigen technischen Aufwand erfordern.

3. *Der Einfluß des Carboxylgruppengehaltes von TDME auf die Umesterung mit Äthylenglykol*

Der Carboxylgruppengehalt des TDME ist zunächst eine reine Kennzahl und sagt noch nichts über das Verhalten und die Qualität des Produktes aus. Von eigentlichem Interesse ist jedoch, wie sich der thermisch behandelte und mehr oder weniger geschädigte TDME bei der Umesterung mit Äthylenglykol verhält. Wir haben deshalb diese Umesterungsreaktion quantitativ verfolgt.

3.1. Versuchsbeschreibung

In Bild 4 ist die Umesterungsapparatur schematisch dargestellt. 0,25 mol TDME und 0,75 mol Äthylenglykol mit einem Wassergehalt von etwa 0,02% wurden zusammen in dem Reaktionskolben durch ein elektrisch beheiztes Ölbad auf 160 °C erhitzt. Nach Erreichen der Reaktionstemperatur wurde der Katalysator, für die hier beschriebenen Versuche $5 \cdot 10^{-4}$ mol $Mn(CH_3COO)_2$/mol TDME eingewickelt in ein Stück Polyesterfolie, durch den Thermometerstutzen in die kräftig gerührte Schmelze eingeworfen. Zum Fernhalten von Luft und zur gleichmäßigen Methanoldestillation wurde ein konstanter Stickstoffstrom von 0,6 l/h über die Schmelze geleitet. Der Kühler und die graduierte Vorlage wurden durch einen Kältethermostatenkreislauf auf −25 °C gehalten, um die vollständige Kondensation des bei der Umesterung gebildeten Methanols zu gewährleisten. Die in der Vorlage aufgefangene Methanolmenge wurde alle 10 min abgelesen und der Wert mit Hilfe einer Vergleichskurve auf die Methanolmenge bei 20 °C umgerechnet. Zur Vervollständigung der Umesterung wurde die Temperatur der Schmelze nach 120 min auf 190 °C erhöht, wobei eine weitere Menge Methanol durch Umesterung frei wurde. Wir wählten zu Anfang der Reaktion eine tiefere Temperatur, tiefer als sie bei der technischen Umesterung üblich ist, da die Umesterung bei der zuvor genannten Katalysatorkonzentration sonst so stürmisch verläuft, daß von dem abdestillierenden Methanol größere Mengen TDME und Äthylenglykol mitgerissen werden, wodurch der Reaktionsablauf verfälscht wird.

3.2. Diskussion der Versuchsergebnisse

Die Ergebnisse der Umesterungsversuche zeigen, daß ein deutlicher Zusammenhang zwischen dem Carboxylgruppengehalt des TDME und der Umesterungsgeschwindigkeit besteht. In Bild 5 ist der nach 1 h Umesterungszeit erreichte Umsatz in Abhängigkeit von der Carboxylgruppenzahl des jeweilig zur Umesterung eingesetzten TDME aufgetragen. Die Kurve 1 ergibt sich aus den Versuchen mit thermisch geschädigten TDME-Proben, die den auf der Abszisse angegebenen, titrimetrisch bestimmten Carboxylgruppengehalt hatten. Carboxylgruppengehalte, die nur wenig höher sind als 1 µÄqu. COOH/g TDME, verursachen bereits einen merklichen Abfall der Umesterungsgeschwindigkeit. Zum Vergleich haben wir carboxylgruppenfreiem, ungeschädigtem TDME Terephthalsäuremonomethylester bzw. Terephthalsäure vor Beginn der Umesterung in definierter Menge zugesetzt. Der Verlauf der Kurven 2 und 3 in Bild 5, der aus den Ergebnissen dieser Umesterungsversuche resultiert, deutet darauf hin, daß bei der thermischen Schädigung des TDME erwartungsgemäß vorwiegend Terephthalsäuremonomethylester gebildet wird. Die durch die Carboxylgruppen des Terephthalsäuremonomethylesters bewirkte Senkung des Umsatzes entspricht weitgehend der bei Einsatz von thermisch geschädigtem TDME beobachteten. Terephthalsäure ruft dagegen eine viel stärkere Verzögerung der Umesterung hervor. Diese hemmende Wirkung der Terephthalsäure war bereits von *Schnock* nachgewiesen worden [11]. Wahrscheinlich bildet sich durch Reaktion mit dem Katalysator Manganterephthalat, das in dem Umesterungsgemisch wenig löslich ist. Ein Handversuch ergab z. B., daß 0,0027 g Manganterephthalat ($0{,}1 \cdot 10^{-4}$ mol) in 40 ml siedendem Äthylenglykol nicht löslich sind.

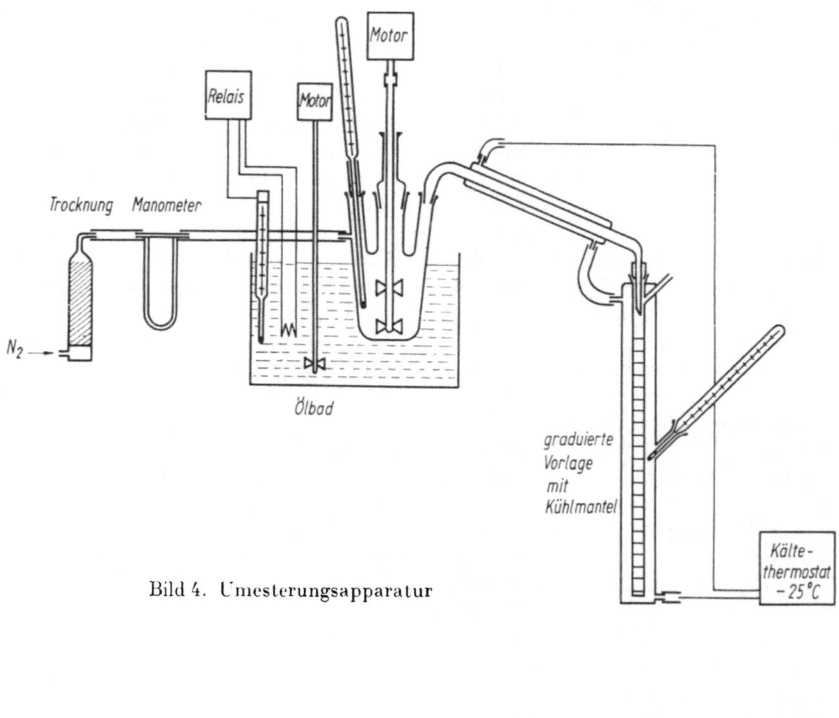

Bild 4. Umesterungsapparatur

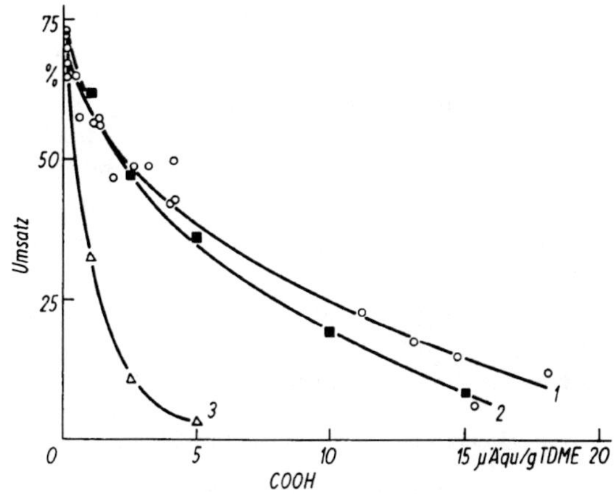

Bild 5. Umsatz nach 1 h bei der Umesterung von TDME mit Äthylenglykol in Abhängigkeit vom Carboxylgruppengehalt des Esters ($T = 160\,°C$)

∘ thermisch geschädigter TDME
▪ TDME mit Zusatz von Terephthalsäuremonomethylester
△ TDME mit Zusatz von Terephthalsäure

Die negative Beeinflussung der katalytischen Wirksamkeit von Metallderivaten durch Säuren bei Umesterungsreaktionen ist jedoch nicht an die Bildung schwerlöslicher Katalysatorsalze gebunden, sondern sie kann auch in einer Gleichgewichtsverschiebung bei der Bildung aktiver Zwischenprodukte des Katalysators mit dem Ester bestehen [12].

Aus Polykondensationsversuchen mit Bis-(2-hydroxyäthyl)-terephthalat wissen wir, daß diese bei 280°C durchgeführte Polyumesterungsreaktion selbst bei einem Carboxylgruppengehalt von 10 bis 20 µÄqu./g Ester praktisch nicht beeinträchtigt wird. Es war daher nicht auszuschließen, daß die Hemmung der Metallionenkatalyse durch Carboxylgruppen der Terephthalsäure temperaturabhängig ist. Die Umesterung des TDME wird unter technischen Bedingungen in einem Temperaturbereich von 150 bis 200°C vorgenommen. Wir haben deshalb in einigen Versuchen noch überprüft, ob die Abhängigkeit der Umesterungsgeschwindigkeit vom Carboxylgruppengehalt des TDME auch in dem für diese Reaktion noch in Frage kommenden höheren Temperaturbereich bestehen bleibt. Die Katalysatorkonzentration wurde dabei auf $2 \cdot 10^{-4}$ mol $Mn(CH_3COO)_2$/mol TDME verringert, um einen von Anfang an exakt kontrollierbaren Umesterungsverlauf zu gewährleisten. Als Carboxylgruppenträger wurden wieder definierte Mengen Terephthalsäuremonomethylester bzw. Terephthalsäure eingesetzt. Die in Bild 6 aufgetragenen Versuchsergebnisse zeigen, daß auch bei 190°C die Umesterungsgeschwindigkeit noch vom Carboxylgruppengehalt des Esters beeinflußt wird. Der Effekt ist zwar nicht mehr so ausgeprägt wie bei 160°C, bei höheren Carboxylgruppengehalten würde aber auch bei Temperaturen um 190°C die Umesterungsreaktion in einem nicht mehr zulässigen Umfang verzögert.

Bemerkenswert ist, daß der Carboxylgruppengehalt aller Umesterungsprodukte, bestehend aus Bis-(2-hydroxyäthyl)-terephthalat, Oligomeren und Äthylenglykol, weitgehend unabhängig vom Carboxylgruppengehalt des eingesetzten TDME war. Offensichtlich werden während des Umesterungsprozesses Carboxylgruppen auch wieder verestert. So wurden aus fünf verschiedenen TDME-Proben mit Carboxylgruppengehalten zwischen 0,4 und 16 µÄqu./g TDME Umesterungsprodukte erhalten, deren Carboxylgruppengehalt nur zwischen 3 und 3,6 µÄqu./g variierte. Der Umesterungsgrad dieser fünf Produkte lag vergleichbar bei etwa 85 bis 90%. Bei Einsatz von TDME mit hohem Carboxylgruppenzahlen war es natürlich notwendig, die Umesterungszeiten zu verlängern, um den gleichen Umesterungsgrad zu erreichen, wie mit den wenig geschädigten Proben.

Es ist bekannt, daß die Geschwindigkeit von Umesterungsreaktionen bereits durch geringe Wassermengen herabgesetzt wird [13, 14]. Das gilt auch für die Umesterung von TDME bei einem Wassergehalt des Äthylenglykols [11]. Wir haben dehalb noch untersucht, wie sich ein unterschiedlicher Wassergehalt des Äthylenglykols bei Verwendung eines carboxylgruppenhaltigen TDME auswirkt. Bild 7 läßt erkennen, daß auch unter diesen Bedingungen der retardierende Effekt der Carboxylgruppen zur Auswirkung kommt. Bei höheren

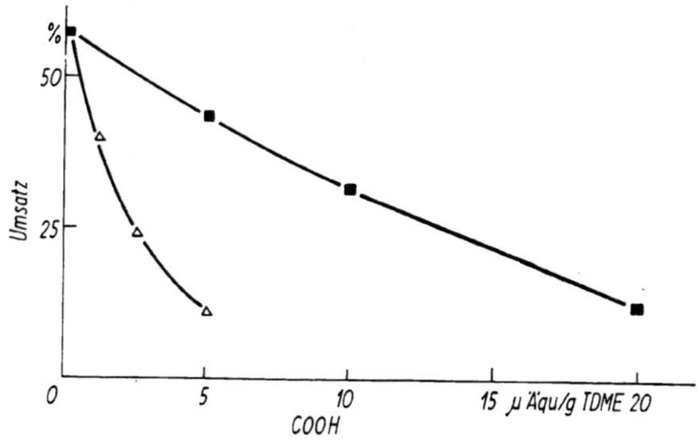

Bild 6. Umsatz nach 1 h bei der Umesterung von TDME mit Äthylenglykol in Abhängigkeit vom Carboxylgruppengehalt des Esters ($T = 190\,°C$)

▪ TDME mit Zusatz von Terephthalsäuremonomethylester
△ TDME mit Zusatz von Terephthalsäure

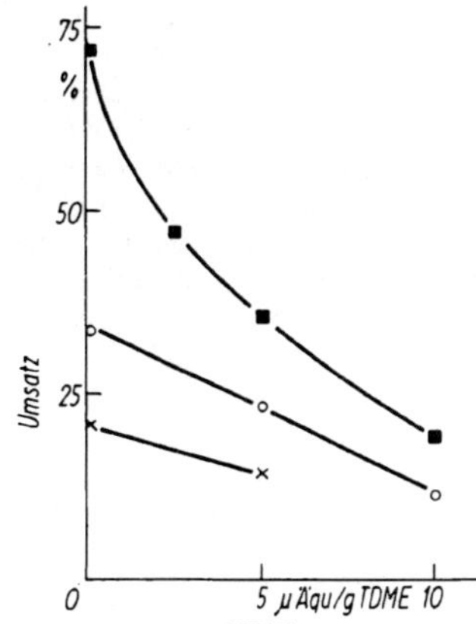

Bild 7. Umsatz nach 1 h bei der Umesterung von TDME mit Äthylenglykol unterschiedlichen Wassergehaltes in Abhängigkeit vom Carboxylgruppengehalt des Esters ($T = 160\,°C$)

▪ 0,02% H_2O im Äthylenglykol
∘ 0,18% H_2O ,, ,,
× 0,40% H_2O ,, ,,

Wassergehalten, die den Umsatz erheblich herabsetzen, wird der Einfluß einer steigenden Carboxylgruppenzahl allerdings zunehmend geringer.

4. *Zusammenfassung*

Bei Ausschluß von Sauerstoff und Feuchtigkeit ist die thermische Stabilität von TDME so groß, daß selbst nach achttägigem Aufbewahren im geschmolzenen Zustand bei 170 °C, auch in Gegenwart von als Behältermaterial in Frage kommenden Metallen, nur eine geringe Schädigung eingetreten ist. Der Carboxylgruppengehalt entspricht mit etwa 1 µÄqu./g TDME, d. h. einer Säurezahl von 0,05, noch den Reinheitsforderungen, die an einen kristallisierten TDME gestellt werden [6]. Andererseits konnte jedoch auch nachgewiesen werden, daß Carboxylgruppengehalte, die nur wenig höher sind, bereits zu einem merkbaren Absinken der Umesterungsgeschwindigkeit mit Äthylenglykol führen. Die Carboxylgruppenzahl ist daher ein echtes Kriterium für die Qualität des TDME. Bei den auf Grund der thermischen Belastung durch Transport und Lagerung von geschmolzenem TDME in Betracht kommenden geringen Carboxylgruppengehalten dürfte die Verringerung der Reaktionsgeschwindigkeit aber noch zu keiner störenden Beeinflussung des Prozeßablaufes führen. Es ist sehr wahrscheinlich, daß unter diesen Bedingungen der negative Einfluß geringer Wassermengen im Äthylenglykol noch überwiegen würde.

5. *Analysenvorschriften*

5.1. *Bestimmung des Carboxylgruppengehalts in TDME*

3 g TDME (bei hohen Carboxylgruppengehalten entsprechend weniger) werden in 100 ml Aceton unter Rühren (Magnetrührer) in einem verschlossenen Erlenmeyerkolben gelöst. Das Aceton wird vorher durch Kochen mit Kaliumpermanganat und Kaliumcarbonat sowie zweimalige Destillation gereinigt und vor der Verwendung durch Einleiten eines Stickstoffstromes von Kohlendioxid befreit. Nach dem Lösen des TDME wird mit 0,02 n wäßriger NaOH mit eintauchender Bürettenspitze gegen eine kombinierte Glas-/Kalomelelektrode titriert. Während der Titration wird Stickstoff über den Titrierkolben geleitet.

In gleicher Weise wird der Blindwert von 100 ml Aceton bestimmt.

5.2. *Bestimmung der Hazen-Farbzahl*

Die *Hazen*-Farbzahl gibt die Anzahl mg Platin in 1000 ml einer 3,6 gew.-proz. Salzsäurelösung an, in der K_2PtCl_6 und $CoCl_2 \cdot 6H_2O$ im Verhältnis 1 : 0,8025 gelöst sind, die in gleicher Schichtdicke dieselbe Lichtdurchlässigkeit wie die zu untersuchende Probelösung aufweist [10]. Zur Herstellung einer Stammlösung mit der *Hazen*-Farbzahl 500 werden 1,245 g K_2PtCl_6 und 1,000 g $CoCl_2 \cdot 6H_2O$ in Wasser gelöst und nach Zusatz von 100 ml konzentrierter Salzsäure im Maßkolben mit Wasser auf 1 l aufgefüllt. Durch Verdünnen erhält man daraus die Lösungen zum Aufstellen einer Vergleichskurve.

3,75 g TDME werden unter Erwärmen in Chloroform gelöst und bei 20 °C im Maßholben mit Chloroform auf 25 ml aufgefüllt. Die Messung der Lichtdurchlässigkeit der Vergleichslösungen und der Probenlösungen erfolgt mit einem geeigneten Kolorimeter bei 360 nm jeweils gegen reines Chloroform in 5-cm-Küvetten. Wir verwendeten ein Spektralkolorimeter „Spekol" des VEB Carl Zeiss Jena mit Zusatzverstärker ZV. Um die volle Empfindlichkeit des Gerätes ausnutzen zu können, wurde bei allen Messungen ein Graufilter in den Strahlengang gebracht.

Wir danken Frl. *A. Tryonadt* für die Durchführung der Carboxylgruppenbestimmung sowie Frau *A. Seganowa* für experimentelle Mitarbeit.

Literatur

[1] Verfahren zur Verbesserung der thermischen Stabilität von Terephthalsäuredimethylestern. Chemische Werke Witten GmbH. DWP 50821 vom 5. 11. 1966.

[2] Verfahrenstechnische Verbesserungen, um Diestern der Terephthalsäure und Isophthalsäure eine bessere Stabilität bei hohen Temperaturen zu verleihen, und entsprechende Stabilisatoren. Standard Oil Company, USA, FrP 1306356 vom 3. 9. 1962.

[3] Vgl. dazu *Ritchie, P. D.:* Notes on the thermal decomposition of esters and polyesters. J. Oil Colour Chemists' Assoc. **45** (1962) S. 659–661.

[4] *Hazen, A.:* A new colour standard for natural waters. Amer. chem. J. **14** (1892) S. 300–310.

[5] *Alexandru, L., Dascalu, L., Coman, M., Cristescu, I., Nutescu, E.,* und *Ciobanu, P.:* Untersuchung des Einflusses von Katalysatoren bei der Synthese von Polyäthylenterephthalat. Materiale plast., București **1** (1964) S. 136–139.

[6] *Ludewig, H.:* Polyesterfasern. Chemie und Technologie. Berlin: Akademie-Verlag 1965, S. 64–66.

[7] *Kaiser, H.,* und *Specker, H.:* Bewertung und Vergleich von Analysenverfahren. Z. analyt. Chemie **149** (1956) S. 46–66.

[8] *Doerffel, K.:* Notiz zum Arbeiten mit Blindwerten. Z. Chemie **8** (1968) 6, S. 236–237.

[9] *Wuntke, K.:* Privatmitteilung.

[10] *Lange, A., Beckmann, W.,* und *Blanckertz, R.:* Zur farblichen Beurteilung von Weichmachern. Absorptionsspektren und Bestimmungsmöglichkeiten von Jod- und *Hazen*-Farbzahlen. Kunststoffe **55** (1965) S. 14–20.

[11] *Schnock, G.:* Ein Beitrag zur Umesterung und zur Polykondensation durch Umesterung. Diplomarbeit, Humboldt-Universität Berlin 1957, S. 15–17.

[12] *Berner, E.,* und *Aaberg, E.:* The catalytic effect of certain metal salts on transesterifications. Suomen Kemist. **31** (1958) S. 53–55.

[13] *Patel, Z. H.,* und *Watson, H. W.:* The velocity of alcoholysis of esters of dibasic acids. J. Indian Inst. Sci. 16 A **55** (1933) S. 55–67.

[14] *Hebký, J.:* Reesterifikace. Chem. Listy, Praha (Chem. Bl.) **46** (1952) S. 497–502).

Eingegangen am 28. November 1968

Elektrokinetische Untersuchungen an Faserstoffen[1]

Hans-Jörg Jacobasch

Deutsche Akademie der Wissenschaften zu Berlin, Institut für Technologie der Fasern in Dresden

Herrn Prof. Dr. G. von Hornuff gewidmet

DK 677.494:667.622:539.612:537.3.083

Nach einer Erläuterung der Begriffe wird eine Literaturübersicht über die Anwendung elektrokinetischer Messungen in der Textilchemie gegeben. Mit der Erniedrigung des ζ-Potentials synthetischer Faserstoffe ist eine Verringerung der Haftkräfte zwischen Faserstoffen und trockenen Pigmenten verbunden. Messungen des ζ-Potentials lassen sich daher zu vergleichenden Messungen faserstoffspezifischer Haftkräfte heranziehen.

Электрокинетические исследования волокон

После об'яснения терминов дан обзор литературных данных по применению электрокинетических измерений в текстильной химии. Снижение ζ-потенциала синтетических волокон влечет за собой уменьшение адгезии между волокном и сухими пигментами. Поэтому измерение ζ-потенциала может применяться для сравнительной характеристики значений адгезии, специфичных для отдельных видов волокон.

Electrokinetic Investigations of Fibres

After discussing the terminology in the field of electrokinetics, a survey is provided of the literature dealing with the application of electrokinetic methods to textile chemistry. As the decrease of adherence of dry pigments to synthetic fibres is ascompagnied by a decrease of the ζ-potential, the specific adherence of these fibres can be compared in terms of ζ-values.

1. Begriffe

An der Grenzfläche zwischen einer festen und einer flüssigen Substanz treten im allgemeinen Potentialdifferenzen zwischen der Grenzfläche und dem Inneren der Phasen auf, die mit der Ausbildung einer elektrischen Doppelschicht in Zusammenhang stehen, d. h. die eine Phase trägt bevorzugt positiv und die andere Phase bevorzugt negativ geladene Ladungsträger an der Phasengrenze. Die Ausbildung dieser Doppelschicht kann durch folgende Mechanismen erfolgen:

1. Austritt von Elektronen aus Metallen,
2. Dissoziation von Molekülen an der festen Grenzfläche,
3. Adsorption von Ionen an der Phasengrenze,
4. partielle Desorption der Gegenionen in die Flüssigkeit.

Nach *H. v. Helmholtz* (vgl. [1]) entspricht die Doppelschicht einem Plattenkondensator; die entgegengesetzt geladenen Ladungsträger befinden sich starr in einem gewissen Abstand zueinander. Von *Gouy* und *Chapman* wurde die *Helmholtz*sche Theorie dahingehend modifiziert, daß die Ladungsträger der Flüssigkeitsseite als infolge der Wärmebewegung statistisch verteilt angesehen werden. Da sowohl die *Helmholtz*sche als auch die *Gouy/Chapman*-Theorie verschiedene experimentelle Befunde nicht erklären können, nahm *O. Stern* die Ausbildung einer starren und einer diffusen Doppelschicht an. Danach liegt an der Phasengrenze fest/flüssig die Potentialverteilung nach Bild 1 vor.

Die Potentialdifferenz zwischen der festen Oberfläche und dem Inneren der Flüssigkeit ist nicht direkt meßbar. Aus elektrokinetischen Messungen ist lediglich ein „elektrokinetisches" oder „ζ-Potential" zugänglich. Diese meßbare Größe wird als die Differenz der Potentiale an der Grenze zwischen starrer und diffuser Doppelschicht und dem Inneren der Flüssigkeit betrachtet.

Eine lückenlose Theorie des elektrokinetischen Potentials sowie exakte mathematische Ableitungen über seine Beeinflussung durch Ionen, Dipole, Neutralmoleküle und verschiedene physikalische Parameter liegen zur Zeit noch nicht vor. Da trotzdem die Größe und das Vorzeichen des ζ-Potentials gewisse Aussagen über die Ladungsverteilung an der Phasengrenze fest/flüssig ermöglicht, ist eine Messung für die physikalische Chemie der Grenzflächen von großer Bedeutung.

1.1. Bestimmungsmethoden

Die Ladungsträger der starren Doppelschicht haften an der Oberfläche der festen Phase. Sie sind im Gegensatz zu den Ladungsträgern der diffusen Doppelschicht durch ein äußeres elektrisches Feld bzw. durch eine Bewegung der Phasen gegeneinander nicht verschiebbar. Die Bestimmung des ζ-Potentials erfolgt daher an elektrischen Nichtleitern ausschließlich durch elektrokinetische Messungen, die dadurch gekennzeichnet sind, daß sich die feste und die flüssige Phase relativ zueinander unter der Einwirkung eines elektrisches Feldes bewegen bzw. daß die relative Bewegung beider Phasen ein elektrisches Feld erzeugt.

Im einzelnen wird unterschieden in:

1.1.1. Elektroosmose

An ein Kapillarsystem der festen Phase wird über unpolarisierbare Elektroden eine Gleichspannung gelegt. Es wird die Überführung der flüssigen Phase durch das Kapillarsystem gemessen und das ζ-Potential anhand der *v. Smoluchowski*schen Gleichung berechnet (vgl. [2]).

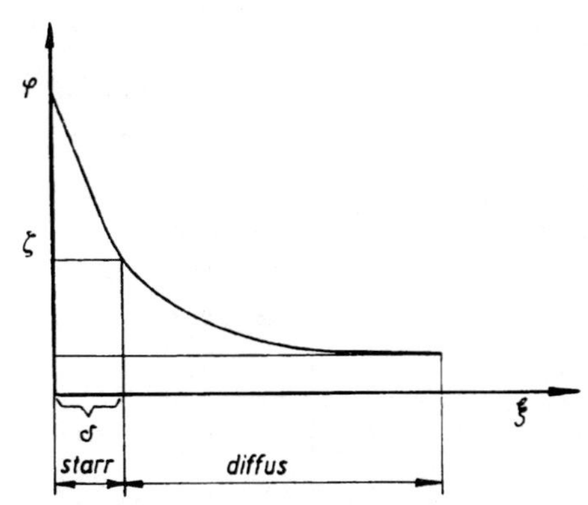

Bild 1. Potentialverlauf an der Phasengrenze fest/flüssig nach *K. J. Vetter* [1]

φ = Potential ζ = Elektrokinetisches oder ζ-Potential
ξ = Abstand δ = Dicke der starren Doppelschicht

[1]) Erweiterte Fassung eines Vortrages, gehalten auf dem Festkolloquium des Instituts für Textil- und Cellulosechemie der TU Dresden am 24. und 25. 10. 1968.

1.1.2. Strömungspotential

Durch ein Kapillarsystem, das sich zwischen zwei perforierten Edelmetallelektroden befindet, wird eine Flüssigkeit gedrückt. Aus der zu messenden Größe des Strömungspotentials und der elektrischen Leitfähigkeit der Flüssigkeit im Kapillarsystem kann das ζ-Potential errechnet werden (vgl. [3]).

1.1.3. Elektrophorese

Aus der Wanderungsgeschwindigkeit kleiner Teilchen in einer Flüssigkeit unter dem Einfluß eines äußeren elektrischen Feldes kann das ζ-Potential bestimmt werden (vgl. [3]).

Für Messungen an Faserstoffen werden ausschließlich die beiden erstgenannten Methoden verwendet. Dabei wird die Messung des Strömungspotentials oft wegen der relativ geringen apparativen Schwierigkeiten bevorzugt, für Messungen in konzentrierteren (> n/1000) Lösungen ist jedoch die Methode der Elektroosmose besser geeignet.

Die nach beiden Methoden gewonnenen Werte des ζ-Potentials lassen sich nicht völlig miteinander vergleichen; nach *Reichardt* (vgl. [3]) läßt sich das ζ-Potential durch Elektroosmose exakter als durch Messung des Strömungspotentials bestimmen.

2. Literaturübersicht

Erste elektrokinetische Untersuchungen wurden von *Perrin* [4] an Baumwolle und *L. des Bancels* [5] an Wolle, Seide und Cellulosederivaten durchgeführt. Das ζ-Potential dieser Faserstoffe ist stets negativ in destilliertem Wasser, d. h. an der Phasengrenze fest/flüssig befinden sich bevorzugt negative Ladungsträger.

Es wurde festgestellt, daß Säuren und mehrwertige Kationen das negative ζ-Potential stark erniedrigen, während Laugen und mehrwertige Anionen das ζ-Potential erhöhen. Die Ergebnisse wurden von *Bull* und *Gortner* [6] an Cellulosefasern bestätigt.

Karrer und *Schubert* [7] führten neben Messungen an Wolle und Seide Untersuchungen an verschieden behandelten Baumwollen, Kupfer-, Acetat-, Nitrat- und Viskoseseiden durch. Es wurden je nach Faserstoffart unterschiedliche ζ-Potentiale in destilliertem Wasser gemessen. Acetatseide hat ein negativeres ζ-Potential als die nichtmodifizierte Cellulose, durch Mercerisieren tritt eine Erniedrigung des ζ-Potentials von Baumwolle ein. Unterschiede in der Anfärbbarkeit und Abbaubarkeit der einzelnen Cellulosen drücken sich nicht durch das ζ-Potential aus. Ein Einfluß des Fällbades bei der Viskoseseideherstellung auf das ζ-Potential konnte nicht festgestellt werden.

Ähnliche Untersuchungen wurden von *Lottermoser* und *Gansel* [8] an Baumwolle und Celluloseestern durchgeführt. Durch die Einführung von Aminogruppen kann die Baumwolle positiv geladen werden. Messungen des elektroosmotischen Verhaltens an gefärbten Baumwollfasern zeigen, daß durch eine Färbung mit sauren substantiven Farbstoffen die Ladung nicht stärker negativ wird, sondern die negative Ladung geringer wird. Dies wird durch die Absättigung von Nebenvalenzen der Cellulosekettenmoleküle durch die Farbstoffmoleküle erklärt. Sehr ausführliche elektrokinetische Untersuchungen wurden von *Kanamaru* u. Mitarb. an Cellulosefaserstoffen durchgeführt [9 bis 15]. Es wurde festgestellt, daß die Quellung und das elektrokinetische Potential symbat verlaufen: in wäßrigen Lösungen, die ein hohes negatives ζ-Potential hervorrufen, ist die Quellung stärker als in Lösungen mit niedrigem negativen oder positiven ζ-Potential. Wenn das ζ-Potential = 0 ist, ist ein Minimum der Quellung und der Wasserdampfsorption festzustellen [9, 10, 11]. Durch Zusatz von Salzen mehrwertiger Kationen kann demzufolge die Quellung und die Wasserdampfaufnahme von Cellulose verringert werden. Interessant ist, daß auch durch TiO_2-Partikel der Mattierung, die als Kolloide negativ geladen sind, das ζ-Potential und die Wasseraufnahme gesenkt werden.

Durch die Quellung der Cellulosefasern wird das ζ-Potential erniedrigt. Aus den Werten des ζ-Potentials in ungequollenem und gequollenem Zustand und der zeitlichen Abnahme des ζ-Potentials mit der Quellung können die Hydratationskapazität, der Hydratationsgrad und die Hydratationsgeschwindigkeit bestimmt werden. Die Abhängigkeit der Quellung vom ζ-Potential wird in der Form gedeutet, daß die Ionen in der Doppelschicht hydratisiert sind und demzufolge eine starke Ladung eine entsprechend starke Hydratisierung der Cellulose hervorruft. Durch Zusatz von Aluminiumsalzen zum Spinnbad von Viskosefasern kann das ζ-Potential auf ungefähr Null gesenkt werden; die nach diesem Verfahren gewonnenen Fasern zeichnen sich durch eine geringere Wasseraufnahme, eine geringere Dehnung und einen feineren Titer aus. Diese Erscheinung wird ebenfalls durch eine geringere Hydratisierung erklärt. Ähnliche Beobachtungen sind auch an Regeneratcellulosefolien zu machen. Auch an Cellulosenitrat wird eine Symbasie zwischen dem ζ-Potential und der Quellung beobachtet [12, 13]. Das ζ-Potential von Cellulosenitrat in Mischungen organischer Lösungsmittel mit Wasser liegt um so höher, je größer die Quellfähigkeit des Lösungsmittels ist; der Endwert des ζ-Potentials liegt um so niedriger, je höher die Quellung ist. Diese Erscheinung soll auch für alle anderen Faserstoffe gelten [14].

Tabelle 1. ζ-Potential in KCl-Lösungen und Anschmutzungsneigung verschiedener Faserstoffe[1])

Faserstoff extrahiert bzw. thermisch entschichtet	ζ-Potential				
	dest. Wasser [mV]	n/10000 KCl [mV]	n/1000 KCl [mV]	ζ_{max} [mV]	100 · SAD[3])
Viskose	22,0	22,7	18,5	23	40,5
Triacetat	37,0	51,9	35,3	53	42,2
Polyamid 6	32,7	55,0	55,0	55	42,8
Polyester	52,0	60,7	58,0	61	48,3
Polyvinylchlorid	(55,0)[2])	49,6	56,0	56	49,1
Polyacrylnitril	(60,0)[2])	54,3	57,8	58	43,8
Glas	27,9	34,4	36,4	37	41,3

[1]) Das Vorzeichen des ζ-Potentials ist, wenn nicht ausdrücklich als positiv angegeben, stets negativ.

[2]) Diese Werte sind unsicher, da die Messungen sich schlecht reproduzieren lassen.

[3]) SAD = $\log \varrho_a/\varrho_u$;

ϱ_a = Weißgrad der angeschmutzten Probe,

ϱ_u = Weißgrad der unangeschmutzten Probe.

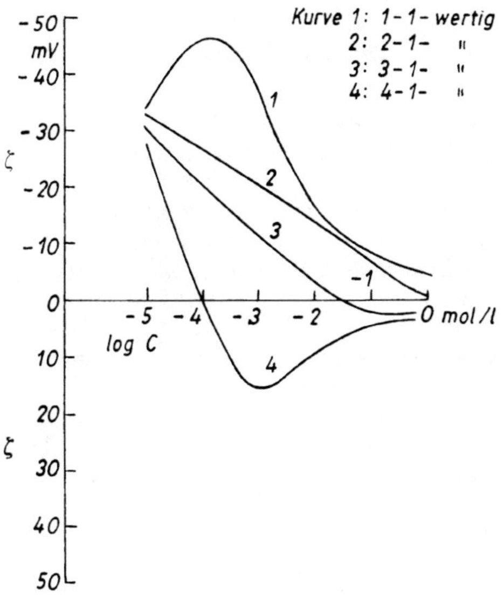

Bild 2. Abhängigkeit des ζ-Potentials von der Wertigkeit und Konzentration der Elektrolyte in wäßriger Lösung (schematisch)

Das ζ-Potential ist ferner, bedingt durch die unterschiedliche Quellbarkeit der kristallinen und nichtkristallinen Bereiche, abhängig von der Kristallinität der Cellulosefasern [15].

Rabinow und *Heymann* [16] fanden, daß das ζ-Potential von Cellulose mit steigendem Carboxylgruppengehalt sinkt. Eine Salzbildung beeinflußt das ζ-Potential jedoch wenig.

Elektrokinetische Messungen an verschiedenen synthetischen Faserstoffen in Elektrolytlösungen wurden von *Neale* und *Peters* [17], *v. Stackelberg* u. Mitarb. [2], *Vickerstaff* [18], *Androsov* und *Liverant* [19] durchgeführt. Die ζ-Potentiale der wichtigsten synthetischen Faserstoffe in dest. Wasser und verdünnten KCl-Lösungen liegen in der Größenordnung der in Tabelle 1 dargestellten Werte.

Mehrwertige Anionen negativieren und Kationen erniedrigen das negative ζ-Potential. Durch drei- und vierwertige Kationen kann das ζ-Potential positiviert werden. Eine Salzkonzentration $> 10^{-3}$ m führt in Verbindung mit der Kontraktion der diffusen Doppelschicht zu einem Abfall des Absolutbetrages des ζ-Potentials.

Es ergibt sich also eine in Bild 2 schematisch dargestellte Abhängigkeit des ζ-Potentials von der Wertigkeit und der Konzentration der Elektrolyte, die für die gebräuchlichsten Faserstoffe gültig sein dürfte.

Bei amphoteren Fasern kann durch die Bestimmung der pH-Abhängigkeit des ζ-Potentials der isoelektrische Punkt ermittelt werden [17].

Von *Gee* und *Harrison* [20], *Harrison* [21], *Neale* und *Peters* [17], *Glenz* und *Beckmann* [22], *Androsov* u. Mitarb. [23], *Suzawa* [24], *Vickerstaff* [18, 25] wurden elektrokinetische Untersuchungen zur Interpretation von Färbevorgängen herangezogen. Ganz allgemein begünstigt ein hohes negatives ζ-Potential das Aufziehen basischer Farbstoffe und umgekehrt ein positives bzw. niedriges negatives ζ-Potential das Aufziehen saurer Farbstoffe. Es wird der Einfluß der Elektrolyte in der Färbeflotte sowie der Farbstoffe in der Flotte auf das ζ-Potential untersucht. Die Elektrolyte beeinflussen das ζ-Potential und das Aufziehen nach den o. a. Gesetzmäßigkeiten, die Farbstoffe gemäß ihrer Ladung. Nach *McGregor* und *Milicevic* [26] genügen jedoch die methodischen Voraussetzungen der meist verwendeten Methode des Strömungspotentials nicht, um Färbevorgänge exakt zu erläutern.

Bull und *Gortner* [27], *Stanley* [28], *v. Stackelberg* u. Mitarb. [2] sowie *Suzawa* u. Mitarb. [29, 30] untersuchten ausführlich die Wirkung grenzflächenaktiver Substanzen auf das ζ-Potential verschiedener Faserstoffe. Anionaktive Tenside negativieren das ζ-Potential, wobei der Effekt um so stärker auftritt, je hydrophober die Fasern sind. Kationaktive Tenside positivieren die Fasern bereits bei geringen Konzentrationen. Nichtionogene Tenside beeinflussen das ζ-Potential wenig. Da der Schmutz in wäßriger Suspension ein negatives ζ-Potential aufweist [31], wird durch die Negativierung der Faser während des Waschvorganges in Lösungen anionaktiver Tenside die Waschwirkung erhöht [2, 32]. Die Wirkung von Na-Celluloseglykolat als Waschmittelzusatz wird durch eine Erhöhung des ζ-Potentials der Fasern erklärt [2]. Durch eine Ausrüstung mit wasserunlöslichen Appreturen, die das ζ-Potential erhöhen, wird die Schmutzauswaschbarkeit von Polyestergeweben [33] und hochveredelten Baumwollerzeugnissen verbessert [34].

Der Einfluß der Struktur und der Modifizierung von Polyvinylalkoholfasern wurde von *Yoshizaki* [35] sowie *Androsov* u. Mitarb. [36] untersucht. Hierbei wird aus dem Zusammenhang zwischen Quellung und ζ-Potential einerseits und Struktur und Quellung andererseits auf die Möglichkeit, elektrokinetische Messungen zu Strukturuntersuchungen heranzuziehen, hingewiesen.

3. Beziehungen zwischen dem ζ-Potential und faserstoffspezifischen Haftkräften

Aus der Literaturübersicht geht hervor, daß das Problem der Pigmententfernung von Substraten, die in Kontakt mit wäßrigen Lösungen stehen, an Hand elektrokinetischer Messungen untersucht worden ist. Untersuchungen über das Haften fester Teilchen an trockenen Faserstoffen mit Hilfe elektrokinetischer Messungen liegen offensichtlich noch nicht vor.

Die Ausbildung der elektrischen Doppelschicht und die Höhe des sich bildenden Oberflächenpotentials ist bei gegebener Zusammensetzung der flüssigen Phase eine Funktion der chemischen Konstitution der Oberfläche und der an der Oberfläche wirksamen Wechselwirkungskräfte gegenüber den Teilchen der Lösung. Dies bedeutet, daß das meßtechnisch erfaßbare ζ-Potential ebenfalls eine Funktion der genannten Oberflächenparameter ist.

Unter der Voraussetzung, daß an Faserstoffen der Adsorptionsmechanismus maßgeblich an der Ausbildung der elektrischen Doppelschicht beteiligt ist, gestattet die *Stern*sche Theorie [37] die Berechnung der Adsorptionspotentiale der Ionen der den Faserstoff umgebenden Lösung gemäß folgenden Gleichungen (für 1-1wertige Elektrolyte)

$$\Phi_- + \Phi_+ = 2\,RT \ln c_{\max} = Q. \quad (1)$$

$$\Phi_- - \Phi_+ = 2\,F\zeta_{\max}; \quad (2)$$

Φ_- = Adsorptionspotential des Anions,
Φ_+ = Adsorptionspotential des Kations,
Q = molare Adsorptionswärme,
$c_{\max}$ = Konzentration der Salzlösung beim maximalen ζ-Potential $\zeta_{\max}$ (als Molenbruch).

Die Summe der Adsorptionspotentiale ist (besonders bei flachen ζ-C-Kurven) nur angenähert zu bestimmen. Geringe Änderungen der Adsorptionskräfte können nicht erfaßt werden. Dagegen lassen sich Änderungen des maximalen ζ-Potentials relativ gut erfassen. Da einwertige Anionen wesentlich stärker als einwertige Kationen adsorbiert werden, können in Gleichung (2) Änderungen von Φ_+ vernachlässigt werden, so daß Änderungen des Adsorptionsverhaltens sich in Veränderungen von Φ_-, d. h. letzten Endes von ζ_{max}, zu erkennen geben.

Wenn man annimmt, daß die Haftung fester Teilchen an trockenen Faserstoffen durch die gleichen zwischenmolekularen Kräfte verursacht wird, die auch die Adsorption von Ionen aus Lösungen bedingen, dann müßte es möglich sein, durch elektrokinetische Messungen Aussagen über das Haftverhalten von Faserstoffen gegenüber trockenen Pigmenten zu erhalten.

In den vorliegenden Untersuchungen wurde zunächst das ζ-Potential von verschiedenen Faserstoffen in dest. Wasser und in KCl-Lösungen verschiedener Konzentrationen gemessen, daraus das maximale ζ-Potential ermittelt und die Aufnahme von trockenem Pigmentschmutz bestimmt. Aus den Werten der Tabelle 1 ist lediglich zu erkennen, daß die Faserstoffe mit hohem negativem ζ-Potential stärker als Faserstoffe mit niedrigem ζ-Potential anschmutzen. Eine Klassifizierung der Anschmutzungsneigung verschiedener Faserstoffe allein aus dem ζ-Potential ist jedoch aus folgenden Gründen schwierig:

1. Die Anschmutzungsneigung der Faserstoffe ist nicht ausschließlich von den faserstoffspezifischen Haftkräften abhängig, sondern es können noch Faktoren wie die Oberflächenmorphologie, die Härte, der Titer der Fasern u. ä. eine Rolle spielen [39].
2. Die elektrokinetischen Messungen werden nur bei Substanzen ähnlicher chemischer Konstitution Aussagen über das Haftvermögen ergeben; bei Faserstoffen wird man folgende Einteilung treffen müssen:
   a) Faserstoffe, die relativ viel dissoziierende Gruppen enthalten, z. B. Cellulose, Keratin. Das ζ-Potential wird durch die Dissoziation der sauren Gruppen beeinflußt. Die Oberflächenleitfähigkeit ist demzufolge sehr hoch. Bei Viskosefasern ist z. B. in sehr verdünnten KCl-Lösungen (10^{-5} bis 10^{-4} n) die Oberflächenleitfähigkeit um zwei Größenordnungen höher als die Leitfähigkeit der entsprechenden KCl-Lösungen.
   Die genannten Faserstoffe sind stark hydrophil, sie binden Wasser über Wasserstoffbrückenbindungen.
   b) Faserstoffe, die praktisch keine dissoziierenden Gruppen enthalten, die jedoch durch Wasser benetzbar sind, z. B. Polyamide, Polyester, Polyacrylnitril. Das ζ-Potential wird hier durch *van der Waals*sche Kräfte zwischen der Faseroberfläche und den Ionen der Lösung hervorgerufen. Die Oberflächenleitfähigkeit liegt in der Größenordnung der Leitfähigkeit der umgebenden Lösungen.
   c) Faserstoffe mit sehr niedriger Oberflächenenergie, z. B. Polypropylen und Polytetrafluoräthylen. Diese Fasern werden durch Wasser praktisch nicht genetzt. Die Ausbildung des elektrokinetischen Potentials wird durch den Desorptionsmechanismus beeinflußt [38]. Das ζ-Potential läßt sich auf Grund der Nichtbenetzbarkeit in wäßrigen Salzlösungen nicht reproduzierbar messen.

Um Aussagen über die Beziehungen zwischen dem ζ-Potential und der Haftung trockener Pigmente machen zu können, ist es notwendig, die Zusammenhänge an einer der genannten Faserstoffklassen oder besser an jedem Faserstoff selbst zu untersuchen, da die Übergänge zwischen den einzelnen Klassen naturgemäß fließend sind. Deshalb wurde das ζ-Potential von verschiedenen synthetischen Faserstoffen, die mit Ausrüstungen gegen eine Trockenanschmutzung versehen waren, gemessen.

Die Werte der Tabelle 2 zeigen, daß eine wirksame Antischmutzausrüstung mit einer Senkung des ζ-Potentials in verdünnten KCl-Lösungen verbunden ist. Unter der Voraussetzung, daß die Antischmutzausrüstungen nicht nur rein mechanisch wirksam sind, sondern ihre Wirksamkeit z. T. auf einer Absättigung elektrostatischer oder *van der Waals*scher Anziehungskräfte beruht (vgl. [39]), bedeuten die Meßergebnisse, daß die Absättigung der Oberflächenkräfte durch eine Erniedrigung des ζ-Potentials der untersuchten Faserstoffe in verdünnten KCl-Lösungen gekennzeichnet ist.

Für diese Annahme sprechen u. a. die zitierten Beobachtungen von *Lottermoser* und *Gansel* [8] über die Erniedrigung des ζ-Potentials von Baumwolle beim Färben mit substantiven Farbstoffen und die Untersuchungen *Kanamarus* [9 bis 15] über den Zusammenhang zwischen dem Quellungsverhalten von Cellulose und dem ζ-Potential. Beim Färben von Cellulose mit substantiven Farbstoffen werden die „Nebenvalenzen" (*van der Waals*sche Kräfte) der Cellulosemoleküle durch die Farbstoffmoleküle teilweise abgesättigt, bei der Quel-

Tabelle 2. Maximales ζ-Potential in KCl-Lösungen und Anschmutzungsneigung von mit Antischmutzausrüstungen appretierten Fasern

Ausrüstung	Konz. [%]	ζ_{max} [mV]	100 · SAD
	Polyacrylnitril		
A	0,2	41	34,8
B	2	40	31,8
C	2	37	28,3
C	5	23	17,5
D	3	+4	16,8
Al_2O_3	0,5	+7	20,2
$C_8F_{17}COOH$	2	44	28,8
	Polyamid 6		
B	2	38	20,9
C	2	23	14,0
D	3	11	15,8
Al_2O_3	0,5	22	21,0
	Polyester		
C	2	15	27,2
D	3	9	16,4
Al_2O_3	0,5	13	28,5

Die Ausrüstungen A bis D stellen Antischmutzkombinationen auf der Grundlage von Siliconen (A) bzw. Kieselsolen (B, C, D) dar, die im Institut für Technologie der Fasern, Dresden, der DAW zu Berlin entwickelt wurden.

lung erfolgt die Absättigung durch die Moleküle des Lösungsmittels. In ähnlicher Weise — nämlich als Absättigung der Oberflächenkräfte — kann der von *Kanamaru* beobachtete Einfluß der Titandioxid-Mattierung auf das ζ-Potential und die Quellung gedeutet werden, eine Parallele hierzu liegt in der Erniedrigung des ζ-Potentials von WOLPRYLA-Fasern durch Kieselsäure (Tabelle 2), die als Kolloid in wäßriger Lösung ein hohes negatives ζ-Potential aufweist. Wahrscheinlich findet hier eine Absättigung der Oberflächenkräfte des Faserstoffs durch das hochdisperse Kieselsol statt.

Es läßt sich also die Vermutung aussprechen, daß durch elektrokinetische Untersuchungen das Adsorptions- und Haftverhalten von Faserstoffen charakterisiert werden kann. Weitere Beweise für diese Annahme unter Berücksichtigung weiterer Ursachen für die Trokkenanschmutzung der Faserstoffe sollen der Gegenstand einer folgenden Arbeit sein [39].

4. *Experimentelles*

4.1. *Messung des ζ-Potentials*

Die ζ-Potential-Messungen wurden nach dem Prinzip der Elektroosmose mit einer von *v. Stackelberg* u. Mitarb. [2] beschriebenen Apparatur durchgeführt; anstelle der dort beschriebenen Silber/Silbersulfat-Elektroden wurden gesättigte Kalomelelektroden verwendet. Die Messungen wurden bei 25 °C durchgeführt.

Es wurde besonderer Wert darauf gelegt, daß die Fasern einwandfrei benetzt waren; schlecht benetzbare Fasern zeigen sehr hohe, schlecht reproduzierbare ζ-Potentiale.

4.2. *Anschmutzung*

Die Anschmutzung der Faserstoffe erfolgte als Faserflocke in einer von *Flath* [40] beschriebenen Apparatur. Als Pigmentschutz wurde folgendes Gemisch verwendet [40]:

45 Teile Portlandzement,
45 Teile Kaolin,
3 Teile Eisenoxid,
2 Teile Gasruß,
5 Teile Paraffinöl.

Die Schmutzaufnahme wurde photometrisch mit einem Leukometer (VEB Carl Zeiss Jena) bestimmt.

Als Kennwert wird der SAD-Wert angegeben (vgl. [40]).

4.3. *Verwendete Faserstoffe*

Zu den Messungen wurden folgende Fasern verwendet:

Polyester:	GRISUTEN (VEB Chemiefaserwerk „Friedrich Engels" Premnitz)
Polyamid-6:	DEDERON (Premnitz)
Polyvinylchlorid:	PE-CE-FASER (VEB Filmfabrik Wolfen)
Viskose:	Zellwolle, B-Type (VEB Sächsische Zellwollfabrik Plauen)
Triacetat:	Triacetat (Deutsche Rhodiaceta AG. Freiburg/Br.)
Polyacrylnitril:	WOLPRYLA 65 (Premnitz)
sowie Glasseide:	Alumo-Boro-Silikatglasseide, thermisch entschlichtet (Glas: Sowjetunion, ersponnen im ITF).

Die Fasern wurden vor der Messung 4 h im Extraktor nach Soxhlet extrahiert, Polyvinylchlorid und Triacetat mit Petroläther, die übrigen Fasern mit Methylenchlorid. Nach dem Verdunsten der Lösungsmittel werden die Fasern gründlich mit dest. Wasser bis zur Konstanz der elektrischen Leitfähigkeit des Spülwassers gewaschen.

Zusammenfassung

Es wurden die elektrokinetischen Potentiale verschiedener Chemiefaserstoffe in KCl-Lösungen unterschiedlicher Konzentrationen gemessen. Fasern, die in KCl-Lösungen ein hohes maximales ζ-Potential aufweisen, zeigen eine starke Neigung zur Aufnahme von trockenem Pigmentschmutz. Die untersuchten Hilfsmittel zur schmutzabweisenden Ausrüstung führen in jedem Falle zu einer Erniedrigung des negativen ζ-Potentials.

Es wird angenommen, daß eine Erniedrigung des ζ-Potentials mit einer Absättigung der Oberflächenkräfte und damit einer Verminderung der Haftung zwischen Substrat und trockenen Pigmenten verbunden ist.

Herrn Doz. Dr. *H.-J. Flath* sei für die Anregung zu dieser Arbeit und seine fördernden Diskussionen, Fräulein *Kristin Näther* für die Ausführung der Messungen bestens gedankt.

Literatur

[1] *Vetter, K. J.:* Elektrochemische Kinetik. Berlin/Göttingen/Heidelberg: Springer 1961.
[2] *v. Stackelberg, M., Kling, W., Benzel, W.,* und *Wilke, F.:* Die elektrokinetischen Potentiale von Textilfasern in Lösungen von normalen Elektrolyten und grenzflächenaktiven Verbindungen. Kolloid-Z. **135** (1954) S. 67—80.
[3] *Manegold, E.:* Kapillarsysteme. Straßenbau, Chemie und Technik Verlagsgesellschaft mbH., Heidelberg 1955.
[4] *Perrin, J.:* Der Mechanismus der Berührungselektrizität und kolloidale Lösungen. J. Chimie Physique **2** (1904) S. 601—51; **3** (1905) S. 50—110.
[5] *des Bancels, L.:* Untersuchungen über die elektrische Ladung der in Wasser oder elektrolytische Lösungen gehängten Gewebe. CR **149** (1909) S. 316—319.
[6] *Bull, H. B.,* und *Gortner, R. A.:* Studies on electrokinetic potentials. IV. Electrical phenomena at interfaces. J. physic. Chem. **35** (1931) S. 309—330.
[7] *Karrer, P.,* und *Schubert, P.:* Über das Grenzflächenpotential von Textilfasern in Wasser. Helv. chim. Acta **11**(1928) S. 221—229.
[8] *Lottermoser, A.,* und *Gansel, L.:* Elektroosmotische Untersuchungen an Baumwoll-Cellulose und Baumwoll-Celluloseestern. Melliand Textilber. **12** (1931) S. 407 bis 410.
[9] *Kanamaru, K.:* Das elektrokinetische Potential von Cellulose. Cellulose Ind., Tokyo **7** (1931) S. 3—26.
[10] *Kanamaru, K.:* Adsorption und Quellung von Cellulose in Elektrolytlösungen variierender Konzentrationen. Kolloid-Z. **66** (1934) S. 163—175.
[11] *Kanamaru, K.:* Über die hydrophilen Eigenschaften der Cellulose.
I. Kolloid-Z. **77** (1936) S. 351—56.
II. Kolloid-Z. **77** (1936) S. 357—65.
III. — und *Nakamura, T.:* Kolloid-Z. **78** (1937) S. 83—87.
IV. — und *Nakamura, T.:* Kolloid-Z. **78** (1937) S. 209—218.
V. —, *Nakamura, T.,* und *Fukuhara, Y.:* Kolloid-Z. **78** (1937) S. 218—224.
VI. —, *Shiratori, A.,* und *Nakamura, T.:* Kolloid-Z. **84** (1938) S. 50—62.
VII. Kolloid-Z. **84** (1938) S. 323—334.
[12] *Kanamaru, K.,* und *Ueono, S.:* Elektrokinetische Untersuchungen über die lypophilen Eigenschaften von Cellulosederivaten.
I. Kolloid-Z. **79** (1937) S. 77—91.
II. Kolloid-Z. **79** (1937) S. 190—198.
III. Kolloid-Z. **79** (1937) S. 198—208.
IV. —, *Takada, T.,* und *Maeda, K.:* Kolloid-Z. **84** (1938) S. 42—50.
V. —, *Takada, T.,* und *Wada, E.:* Kolloid-Z. **90** (1939) S. 183—89.
[13] *Kanamaru, K., Kobayasi, T.,* und *Seki, M.:* Über die lypophilen Eigenschaften der Cellulose und deren Derivate. Kolloid-Z. **87** (1939), S. 62—68.

[14] *Kanamaru, K.:* Wasseraufnahme in ihrer Beziehung zur zeitlichen Erniedrigung des ζ-Potentials von Fasern in Wasser. Kolloid-Z. **168** (1960) S. 115–121.
[15] *Kanamaru, K.,* und *Takada, T.:* ζ-Potential an Grenzflächen fester Körper/Wasser in Beziehung zur inneren micellaren bzw. kristallinen Struktur der ersteren. Z. physik. Chemie (A) **186** (1940) S. 1–9.
[16] *Rabinov, G.,* und *Heymann, E.:* Electrokinetic properties and surface conductivity of cellulose and oxycellulose with reference of the carboxyl group content. J. physic. Chem. **47** (1943) S. 655–668.
[17] *Neale, S. M.,* und *Peters, R. H.:* Electrokinetic measurements with textile fibers and aqueous solutions. Trans. Faraday Soc. **42** (1946) S. 478–487.
[18] *Vickerstaff, Th.:* Einfluß der elektrischen Ladung auf Färbevorgänge bei hydrophoben Fasern. Melliand Textilber. **35** (1954) S. 765–772.
[19] *Androsov, V. F.,* und *Liverant, V. L.:* Elektrolyteinfluß auf das elektrokinetische Potential von PVY-Fasern. Isv. vysšich uč. Zav. Technol. Tekstil. Prom. (Hochschulnachr. Technol. Textil-Ind.) (1966) 3 (52), S. 101–103; dt. in: Sowj. Beitr. Faserforsch. Textiltechnik **3** (1966) S. 653–655.
[20] *Gee, H.,* und *Harrison, W.:* The electrical theory of dyeing. Trans. Faraday Soc. **6** (1910) 42–71.
[21] *Harrison, W.:* The electrical theory of dyeing. J. Soc. Dyers Colourists **27** (1911) S. 278–290.
[22] *Glenz, O.,* und *Beckmann, W.:* Untersuchungen über den Färbevorgang von Polyacrylnitrilfasern mit basischen Farbstoffen. Melliand Textilber. **38** (1957) S. 296–300.
[23] *Androsov, V. F., Tugay, I. D.,* und *Bondarenko, V. S.:* Elektrokinetisches Potential der Vinol-Faser in Lösungen von Elektrolyten und Direktfarbstoffen. Izv. vysšich uč. Zav. Technol. Tekstil. Prom. (Hochschulnachr. Technol. Textil-Ind.) (1967) 5, S. 109–113.
[24] *Suzawa, T.:* Untersuchungen über das ζ-Potential natürlicher und synthetischer Fasern in den Lösungen der Farbstoffe. J. chem. Soc. Japan, Ind. chem. Sect. **62** (1959) S. 332–336, 473–476, 1231–34; **65** (1960) S. 148–151, 151–153, 1066–1068, 1069–1072, 1072–1075; **65** (1962) S. 124–126, 127–131.
[25] *Vickerstaff, Th.:* The physical chemistry of dyeing. 2. Auflage Edinburgh u. London: Oliver & Boyd 1954.
[26] *Mc. Gregor, R. C.,* und *Milicevic, B.:* Elektrokinetische Untersuchungen an Faserstoffen. Helv. chim. Acta **49** (1966) S. 2195–2209.
[27] *Bull, H. B.,* und *Gortner, R. A.:* Electrokinetic potentials. XI. The effect of sodium soaps on the electric moment of the double layer at an aqueous-cellulose interface. Physics **2** (1932) S. 21–32.
[28] *Stanley, I. S.:* The effect of paraffin chainsalts on the charge on textile fibers. J. physic. Chem. **58** (1954) S. 533–536.
[29] *Suzawa, T.:* Adsorptionsverhalten und ζ-Potential faseriger Substanzen in Lösungen von oberflächenaktiven Mitteln. J. chem. Soc. Japan, Ind. chem. Sect. **66** (1963) S. 1002–1007, 2152–2156, 2157–2161, 2161–2164, 2165–2169.
[30] — J. Japan Oil Chemist's Soc. **15** (1966) S. 20–26.
[31] *Kling, W.,* und *Lange, H.:* Über das elektrophoretische Verhalten von Pigmentteilchen in Waschmittellösungen. Kolloid-Z. **127** (1952) S. 19–27.
[32] *Harris, J. C.:* Electrical forces affecting soil and substrate in the detergency process — Zeta potential. Textile Res. J. **28** (1958) S. 912–928.
[33] *Garret, D. A.,* und *Hartley, P. N.:* New finishes for terylene and terylene blend fabrics. J. Dyers Colourists **82** (1966) S. 252–257.
[34] *Peper, H.,* und *Berch, J.:* Relation between surface properties of cotton finishes and wet soiling. Amer. Dyestuff Rep. **54** (1965) S. 863–869.
[35] *Yoshizaki, O.:* ζ-Potential von Polyvinylalkoholfasern. Chem. High Polymers, Tokyo **12** (1955) S. 414–420, 420–427; **15** (1958) S. 571–577, 577–584; S. 740 bis 746, 746–750, 761–770.
[36] *Bondarenko, V. S., Vol'f, L. A., Androsov, V. F., Afanas'eva, G. N.,* und *Lorginov, L. M.:* Das elektrokinetische Potential von PVY-Fasern in Abhängigkeit von der Faserstruktur. Chim. Volokna (Chem. Fasern) (1967) 3, S. 26–29.
[37] *Stern, O.:* Zur Theorie der elektrolytischen Doppelschicht. Z. Elektrochemie **30** (1924) S. 508–516.
[38] *Davies, T. J.,* und *Rideal, E. K.:* Interfacial phenomena. 2. Aufl. S. 147–149. New York London: Academic Press 1963.
[39] *Jacobasch, H.-J.,* und *Flath, H.-J.:* Die Ursachen der Trockenanschmutzung von Textilien. Im Druck.
[40] *Flath, H.-J.:* Prüfmethoden für die Anschmutzung von Textilien. Dt. Textiltechnik **18** (1968) S. 97–105.

Eingegangen am 3. Dezember 1968

Kurze Mitteilungen[1]

Mikrohärtemessung an zylindrischen Fasern und Elementarfäden

DK 677.494:53.083:677.494.061.7

1. Einleitung

Allgemein bedeutet die Härte eines Körpers den Widerstand, den dieser dem Eindringen eines anderen Körpers entgegensetzt. Falls mit Eindruckkörpern gearbeitet wird, wird bei Belastungen unterhalb von 200 p von Mikrohärte gesprochen. Bei der Messung der Härte von hochpolymeren Fäden wird deshalb meist die Mikrohärte bestimmt.

Die Mikrohärte gestattet Aussagen über das Druckverhalten von Fäden. *Clement* u. a. [1] teilen dazu mit, daß die Mikrohärte von zylindrischen Fäden ermittelt werden kann, indem mit einem sehr spitzen Kegel ein Eindruck erzeugt wird. Bei der Durchführung von Routinemessungen und bei solchen Untersuchungen, bei denen die Mikrohärte einer Probe mehrmals schnell hintereinander gemessen werden soll, versagt diese Methode. Es kommt vor, daß beim Erzeugen des Eindruckes der zylindrische Faden einfach nach der Seite ausweicht und wegrollt. In Zusammenarbeit zwischen dem VEB Carl Zeiss Jena und dem Institut für Textiltechnologie der Chemiefasern, Rudolstadt-Schwarza, wurde deshalb ein Eindruckverfahren entwickelt, das Routinemessungen auszuführen gestattet. Die Apparatur wird nachfolgend beschrieben.

2. Methode zur Routinemessung der Mikrohärte von zylindrischen Fäden

Der Grundaufbau der Apparatur entspricht zunächst den üblichen Einrichtungen. Es wird ein Nf-Stativ mit Auflichtkondensor und der Mikrohärte-Prüfeinrichtung-H benutzt [3].

Das verwendete Objektiv hat eine Vergrößerung von 63 bei einer numerischen Apertur von 0,65. Es ist für unendliche Tubuslänge und Deckglasdicke 0 korrigiert. Als Okular dient ein Okularschraubenmikrometer nach *Hanemann* (15 ×).

Das Wesentliche dieses Verfahrens ist der Eindruckkörper. Er besteht aus einem Diamantkeil mit einem Keilwinkel von $2\alpha = 100°$ (Dieder). Die Länge des Keiles beträgt 300 µm bei einer Breite des Keils in der Größenordnung von 2 µm. Dieser Eindruckkörper wird so aufgesetzt, daß die Zylinderachse des Fadens und die Längsachse des Keiles senkrecht zueinander stehen. Dadurch wird ein seitliches Abgleiten des Fadens vermieden. Wird mit dem Belastungsgewicht K ein Eindruck mit der Länge L erzeugt (die Länge wird senkrecht zur Zylinderachse des Fadens gemessen), so ergibt sich die Mikrohärte H_D des zylindrischen Fadens mit dem Durchmesser D zu

$$H_D = \frac{4K \cos \alpha}{D^2 (\theta - \sin \theta)}, \tag{1}$$

wobei

$$\theta = 2 \arcsin \frac{L}{D} \tag{2}$$

ist. Die Funktion (1) liegt programmiert vor, so daß nach Angabe von K, D und L sofort die Mikrohärte mit einer elektronischen Rechenmaschine bestimmt werden kann.

Um bei den Fäden mit kleinem Durchmesser die Eindrucklänge L möglichst genau zu bestimmen, muß das Verhältnis L/D genügend groß gewählt werden (Größenordnung von 0,55 bis 0,8).

Die so gemessene Mikrohärte wird also nicht nur von den Eigenschaften der Oberfläche, sondern auch von den Eigenschaften des Inneren des Fadens mit bestimmt.

Es ist einleuchtend, daß die Meßgenauigkeit mit dem Belastungsgewicht, dem Durchmesser und der Eindrucklänge des Fadens ansteigt. Um von der Temperatur und der relativen Luftfeuchtigkeit unabhängig zu sein, werden diese Untersuchungen im Normklima vorgenommen. Bild 1 vermittelt einen Eindruck von der Reproduzierbarkeit von Mikrohärtemessungen an hochpolymeren Fäden, vgl. Abschnitt 5.

Nachfolgend werden einige Ergebnisse der Mikrohärtemessung mitgeteilt.

3. Ergebnisse der Mikrohärtemessung bei Polyamidseide

Erwartungsgemäß ist die Mikrohärte von *unverstreckten Polyamidseiden* sehr klein. Bei Durchmessern in der Größenordnung von 30 µm liegt die Mikrohärte mit dem Vertrauensbereich für 95% statistischer Sicherheit bei (5 ± 0,5) $kpmm^{-2}$, wenn die Belastung 1,25 p beträgt und das L/D-Verhältnis zwischen 0,55 und 0,8 liegt. Bei einem *Durchmesser* von 114 µm kann eine Belastung von 20 p angewendet werden. Die Mikrohärte beträgt dann (7,4 ± 0,5) $kpmm^{-2}$.

Die Mikrohärte ist auch von der *Lagerzeit* mit Beginn von der Erspinnung abhängig. Innerhalb von zwei Tagen kann sich die Mikrohärte von 5 auf 7,6 $kpmm^{-2}$ erhöhen und strebt dann einem Endwert zu. Mit der *Verstreckung* ist eine starke Zunahme der Mikrohärte verbunden. Bei einem Verstreckverhältnis von 2,55 kann sie 13 $kpmm^{-2}$ und bei 3,1 kann die Mikrohärte bereits 16 $kpmm^{-2}$ (Belastung 5 p) betragen. Da sich mit der Lagerzeit und der Verstreckung der Ordnungsgrad und die Orientierung ändern, ist die Mikrohärte von diesen beiden Größen abhängig.

4. Ergebnisse der Mikrohärtemessung bei anderen Faserstoffen

Bei Vergleichen von Mikrohärtewerten ist das *L/D-Verhältnis* und die Belastung zu berücksichtigen. Die Mikrohärte von *Polyacrylnitrilfasern* (PVYF) mit einem Durchmesser von 23 µm beträgt bei einer Belastung von 1,25 p ca. 38 $kpmm^{-2}$, während bei $K = 2,5$ p die Mikrohärte auf 24 $kpmm^{-2}$ abgenommen hat. In Mischung mit 2,5% Celluloseacetat (CA) beträgt die Mikrohärte von PVYF nur noch 8 $kpmm^{-2}$ ($K = 1,25$ p), während reine CAF bei $K = 1,25$ p eine Mikrohärte von 18 $kpmm^{-2}$ hat (ein Ergebnis, wie es für *eutektische Gemische* bereits bekannt ist). Auch die Mikrohärte von 30 µm dicken *Polyesterseiden* liegt mit $K = 1,25$ p bei 8 bis 10 $kpmm^{-2}$.

5. Mikrohärte und T-Masern

Aus bereits 1965 durchgeführten Untersuchungen zur Aufklärung der *T*-Masern-Entstehung, die der Verfasser in Zusammenarbeit mit *Henkel* und *Dittmann* durchführte [2], folgt die Erkenntnis, daß *T*-Masern dann entstehen, wenn unmittelbar nacheinander Fadenstücke mit hohem und niedrigem Verformungswiderstand in das Streckfeld einlaufen. Zur künstlichen Erzeugung von Unterschieden im Verformungswiderstand werden Spinnspulen in einem schmalen Streifen längs der Achse mit Wasser bestrichen. An der verstreckten Seide werden periodische *T*-Masern festge-

[1]) Die Veröffentlichung der „Kurzen Mitteilungen" erfolgt unter alleiniger Verantwortung der Verfasser.

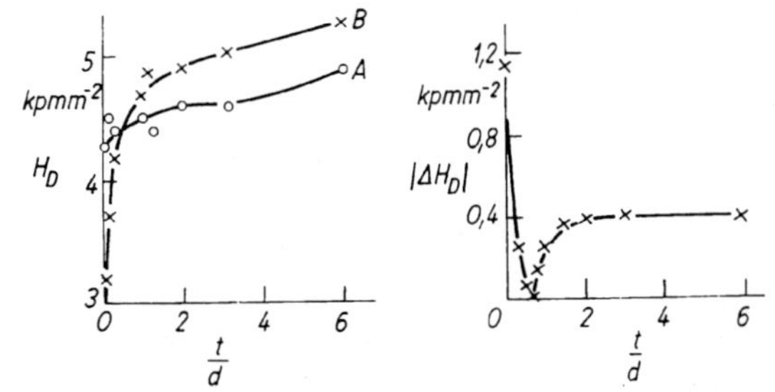

Bild 1. Veränderung der Mikrohärte von axial bestrichenen (B) und unbestrichenen (A) Fäden einer Spinnspule und Veränderung der absoluten Härtedifferenz in Abhängigkeit von der Lagerzeit im Normklima (verstreckte Feinheit Nm 450 (1)) = 2,2 (1) tex)

stellt, deren relative Masseschwankung

$$U_+ = \frac{\Delta m}{m} = \frac{r}{r - \Delta\delta} - 1 \qquad (3)$$

(m = Masse,
r = Verstreckverhältnis,
$\Delta\delta$ = Dehnungsdifferenz zwischen Fadenstücken mit hohem und niedrigem Verformungswiderstand)

mit dem USTER-Ungleichmäßigkeitsprüfer gemessen wird. Zur quantitativen Erfassung der Unterschiede im Verformungswiderstand und dessen Zusammenhanges mit der Dicke der T-Masern leistet die Mikrohärtemessung gute Dienste. Es wird die Mikrohärte der normalen und der zusätzlich befeuchteten Spinnseide in Abhängigkeit von der Lagerzeit der Seide gemessen. Bild 1 zeigt die Ergebnisse.

Das im Bild 1 vorhandene Minimum der absoluten Härtedifferenz zwischen normaler und zusätzlich befeuchteter Spinnseide spiegelt sich im zeitlichen Verlauf der relativen Masseschwankungen U_+ etwa an der gleichen Stelle auf der Zeitachse wider. Damit konnte über die Charakterisierung des Verformungswiderstandes der unverstreckten Seide mit Mikrohärtemessungen nachgewiesen werden, daß die Differenzen im Verformungswiderstand längs des unverstreckten Fadens und die Dicke der T-Masern unmittelbar zusammenhängen.

In einer späteren Arbeit wird ausführlicher über Mikrohärtemessungen berichtet.

Für die sehr große Unterstützung beim Aufbau der Apparatur sei an dieser Stelle Herrn *Oettel* vom VEB Carl Zeiss Jena bestens gedankt.

Literatur

[1] *Clement, A., Dittmann, H., Henkel, H., Kaufmann, S., Lochmüller, O.,* und *Wiesener, E.:* Faserphysikalische Arbeiten zur Qualitätsentwicklung. Mitt. Inst. Textiltechnol. Chemiefasern Rudolstadt 8 (1964) 2/3, S. 116 bis 144.
[2] *Dittmann, H., Henkel, H., Kaufmann, S., Lochmüller, O.,* und *Richter, H.:* Dickstellen in verstreckter Polyamidseide und ihre Entstehungsursachen. Teil 1: Das Erscheinungsbild der Dickstellen und die Theorie ihrer Entstehungsmöglichkeiten. Im Druck.
[3] *Oettel, W. O.:* Neue Geräte zur Prüfung der Mikrohärte, Jenaer Rdsch. (1962) 1, S. 10–11.

Siegfried Kaufmann
Institut für Textiltechnologie der Chemiefasern, Rudolstadt

Eingegangen am 22. Oktober 1968

Zur manometrischen Wasserbestimmung in Polyamidschnitzeln[1])

DK 678.675–493:546.212:543.24:543.812.2:531.787

Der Vertrauensbereich der Wasserbestimmung in Polyamidschnitzeln nach der Lösemethode durch *Karl-Fischer*-Titration in Phenol (2)/Methanol (1) beträgt ± 0,03 bis ± 0,02% [1].

Bei Polyamiden liegen die für die Verarbeitung maximal zulässigen Feuchtigkeitsgehalte meist gerade in diesem Bereich. Für die Praxis ist es deshalb wichtig, eine Methode anzuwenden, die eine genauere Bestimmung sehr kleiner Feuchtegehalte zuläßt.

Von *Schneider* [2] sowie *Illing* und *v. Hobe* [3] wurde eine manometrische Methode für die Bestimmung kleiner Wassergehalte beschrieben. Da in beiden Arbeiten die analytische Genauigkeit der Methode nicht angegeben war, wurde der Anwendungsbereich dieser Methode für Polyamidschnitzel untersucht.

Verwendet wurde die Apparatur nach *Illing* und *v. Hobe* mit einem 500 ml-Rundkolben auf der Probenseite und einem 2 l-Rundkolben als Puffergefäß. Das Manometerrohr war 250 mm lang und mit gefärbtem Siliconöl gefüllt. Eine Veränderung der Apparatur wurde nur insofern vorgenommen, daß der Hahn 2 weggelassen und die Probenrohre direkt über einem NS 14,5 angeschlossen wurden. Außerdem erfolgten die Messungen bei geöffnetem Hahn 7 und laufender Vakuumpumpe bei etwa 0,2 Torr.

Beim Eichen der Apparatur ist der durchschnittliche Luftgehalt der Glaskölbchen zu berücksichtigen.

Die Eichung ergab einen Faktor der Apparatur von 0,0427 mg Wasser/mm Ölsäule (berechnet nach [2] 0,0412).

[1]) 6. Mitt. über „Analytik von Caprolactam". 5. Mitt.: *Reinisch, G., Jacob, W.,* und *Jaeger, W.:* Faserforsch. u. Textiltechnik **20** (1969) 3, S. 152–154.

Die Heizbadtemperaturen werden mit 195 bis 210 °C [2] und 50 bis 200 °C [3], die Erhitzungsdauer mit 1 h bzw. 25 min angegeben.

Die gefundenen Trocknungskurven bei 140, 170 und 200 °C zeigt Bild 1. Bei 140 °C beträgt die nötige Temperierzeit ca. 90 min, bis der durch *Karl-Fischer*-Titration bestimmte Wassergehalt von 0,075% etwa erreicht ist (0,070). Durch Temperaturerhöhung läßt sich die Heizzeit erwartungsgemäß verkürzen, bei 170 °C wurden nach 30 min 0,072 und bei 200 °C 0,079% Wasser gefunden. Der weitere Anstieg der Kurven zeigt, daß bei diesen Temperaturen schon Nachpolykondensation eintritt. Die Nachpolykondensation kann aber vernachlässigt werden, wenn der Beginn

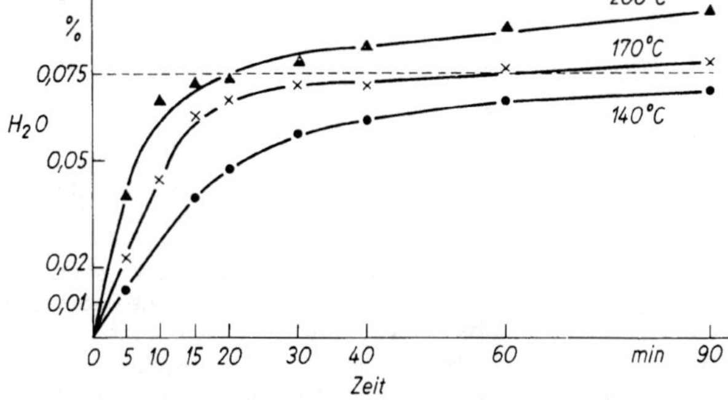

Bild 1. Wassergehalt und Temperierzeit bei 140, 170 und 200 °C (Drahtschnitzel l = ca. 1,5 mm, d = ca. 1,5 mm). Der Grenzwert von 0,075% H_2O wurde durch *Karl-Fischer*-Titration [1] bestimmt

Tabelle 1. Wasserbestimmung an Polyamidschnitzeln in Lösung und nach der manometrischen Methode (Drahtschnitzel l = ca. 5 mm, d = ca. 2,5 mm)

Temperatur [°C]	Trockenzeit [h]	% Wasser manometrisch	% Wasser Lösemethode
80	1	3,21	3,35
	3	2,11	2,21
	5	1,62	1,64
	9	1,27	1,32
	9	1,02	1,03
	24	0,33	0,31
95	1	2,85	2,79
	3	1,48	1,57
	5	0,80	0,93
	7	0,61	0,60
	9	0,45	0,47
	24	0,104	0,09

des linearen Teiles der Trocknungskurven als Endpunkt der Abdiffusion des in den Schnitzeln gelösten Wassers gewählt wird. Der Vertrauensbereich der Methode wurde deshalb bei 200 °C und 30 min Heizzeit bestimmt.

Die Gegenüberstellung von nach der manometrischen und nach der Lösemethode über einen größeren Bereich gefundenen Wassergehalte gibt Tabelle 1. Die manometrisch gefundenen Feuchtegehalte liegen dabei meist etwas unter den titrimetrisch erhaltenen Werten, außerdem ist der Vertrauensbereich der manometrischen Methode stark vom Wassergehalt des Materials abhängig (Tabelle 2).

In die Apparaturkonstante geht die Raumtemperatur ein. Die Berechnung für 20 und 30 °C Raumtemperatur nach [2] zeigt aber, daß sich die Konstante nur sehr geringfügig von 0,0412 auf 0,0399 verändert. Bei einer Schnitzeleinwaage von 2,159 g und 31 mm Ölsäulendifferenz errechnen sich daraus z. B. Wassergehalte von 0,059% für 20 °C und 0,057% für 30 °C. Diese Differenz ist sehr gering und liegt innerhalb der Fehlergrenze. Da mit höheren Raumtemperaturen auch im Sommer kaum zu rechnen ist, ist der Einfluß der Raumtemperatur zu vernachlässigen.

Ebenso sind geringe Volumenunterschiede der gläsernen Probenrohre zu vernachlässigen, da eine Vergrößerung des

Tabelle 2. Mittelwerte und Vertrauensbereich der manometrischen Wasserbestimmung (10 Einzelwerte)

Material	$\bar{x}$ [% H_2O]	$q_{95\%}$ [% H_2O]
Drahtschnitzel	3,72	±0,045
l = ca. 1,5 mm	1,54	±0,016
d = ca. 1,5 mm	0,124	±0,002
0,4% TiO_2		
Drahtschnitzel	4,21	±0,15
l = ca. 5 mm	0,97	±0,008
d = ca. 2,5 mm	0,104	±0,004

Apparaturvolumens um 10 ml lediglich eine Verringerung der Konstanten um 0,0007 bewirkt.

Die manometrische Wasserbestimmung in Polyamidschnitzeln unter den beschriebenen Bedingungen liefert also bei Feuchtegehalten von < 0,5% sehr zuverlässige Ergebnisse und ist der *Karl-Fischer*-Titration vor allem im Bereich unter 0,1% durch ihre kleinere Fehlergrenze von < ±0,005% und ihrem geringen Zeitbedarf überlegen. Für höhere Wassergehalte ist dagegen die titrimetrische Methode wegen ihrer gleichbleibenden Fehlergrenze vorzuziehen.

Frau *Ch. Jaeckel* danken wir für die Durchführung der Versuche.

Literatur

[1] *Reinisch, G.*, und *Dietrich, K.*: Zur Bestimmung des Wassergehaltes in Polycaprolactam. Faserforsch. u. Textiltechnik **18** (1967) 11, S. 535–536.
[2] *Schneider, K.*: In *Vieweg, R.*, und *Müller A.*: Kunststoffhandbuch, Bd. VI, Polyamide, S. 572–573. München: Carl Hanser 1966.
[3] *Illing, G.*, und *v. Hobe, D.*: Manometrische Bestimmung sehr kleiner Wassergehalte in hochpolymeren Stoffen. Fresenius' Z. analyt. Chemie **230** (1967) 6, S. 418–421.

Klaus Dietrich
Deutsche Akademie der Wissenschaften zu Berlin
Institut für Faserstoff-Forschung in Teltow-Seehof

Eingegangen am 19. Dezember 1968

Jahreskolloquien des Institutes für Textiltechnologie der Chemiefasern Rudolstadt 1968

DK 061.3.055.1"1968":677.4:001.891(430.2)

Wie in den vergangenen Jahren wurden auch 1968 im Institut für Textiltechnologie der Chemiefasern die Jahreskolloquien für das laufende Jahr durchgeführt. Im folgenden werden einige der auf diesen Veranstaltungen gehaltenen Vorträge kurz besprochen:

Kolloquium „Polyesterfaserstoffe" am 10. 10. 1968

Im einleitenden Vortrag beschäftigte sich *Klaus-Dieter Tomoschat*, ITC Rudolstadt, mit dem Thema „Internationale Entwicklungstendenzen für Polyesterfaserstoffe". Die Entwicklung im Weltmaßstab auf dem Gebiet der Polyesterfaserstoffherstellung und -bearbeitung wurde wie folgt dargelegt:

Optimierung der Isomerisierungsverfahren zur Reindarstellung von p-Xylol; zunehmende kontinuierliche Gestaltung der Verfahren zur Rohstoffherstellung; Einführung des kontinuierlichen Verfahrens zur Herstellung der Polyesterfaserstoffe auf Basis *T*-Säure, auch für Polyesterseide; Erhöhung der Anlagengröße; Entwicklung von Bikomponentenseiden, speziell für den technischen Sektor; verstärkter Einsatz von Polyesterfaserstoffen zur Herstellung von Raumtextilien; Steigerung der Produktion von texturierter Polyesterseide; Steigerung der Produktion von Polyester-Spinnvliesen.

G. Reinisch, Institut für Faserstoff-Forschung der DAW in Teltow-Seehof, erörterte polymeranalytische, polymerenpräparative und verformungsmethodische Aufgaben, mit denen sich die Polyesterfaserstoff-Laborforschung in der näheren Zukunft befassen muß. Am Beispiel von Selektivitätsuntersuchungen zur präparativen Fraktionierung von Polyäthylenterephthalat (Versuche mit *G. Rafler*) und anhand von kinetischen Analysen der Schmelzpolykondensation (Versuche mit *G. Rafler* und *H. Zimmermann*) wurde die Nutzungsmöglichkeit von im weiteren Sinne analytischen Arbeiten für Verfahrenswissenschaft und Prozeßkontrolle diskutiert.

Anschließend berichtete *D. Weber*, VEB Chemiefaserwerk „Wilhelm Pieck" Schwarza, über „Erfahrungen bei der Erprobung der Streckzwirnmaschine, Modell 3008 mit Heizeinrichtungen".

Im Vordergrund standen dabei Untersuchungen über den Kopsaufbau und der Einfluß verschiedener Veränderungen an den Heizeinrichtungen auf die Qualität der Polyesterseide.

Über „Ergebnisse von Laboruntersuchungen über den Einfluß der Lagerung von Flüssig-DMT auf die Kenndaten und das Umesterungsverhalten des DMT"[1]) berichteten

[1]) s. dieses Heft S. 185–190.

H. Zimmermann und *E. Schaaf*, Institut für Faserstoff-Forschung der DAW in Teltow-Seehof. Bei Ausschluß von Sauerstoff und Feuchtigkeit ist die thermische Stabilität von DMT so groß, daß selbst nach achttägigem Aufbewahren im geschmolzenen Zustand bei 170 °C, auch in Gegenwart von Metallen (V4 A-Stahl, Aluminium, Baustahl), nur eine geringe Schädigung eingetreten ist. Der Carboxylgruppengehalt liegt entsprechend einer Säurezahl unter $0{,}05 < 1$ µÄqu/g DMT und einer *Hazen*-Zahl von 5. Andererseits konnte jedoch auch nachgewiesen werden, daß Carboxylgruppengehalte > 1 bis 20 µÄqu/g DMT bereits zu einem merkbaren Absinken der Umesterungsgeschwindigkeit mit Äthylenglykol führen. So beträgt z. B. der Umsatz nach 1 h Umesterung ($T = 160$ °C) bei einem Carboxylgruppengehalt von 5 µÄqu/g DMT nur 40% gegenüber 70 bis 75% bei der Umesterung von carboxylgruppenfreiem DMT. Terephthalsäure in Mengen von 1 bis 5 µÄqu/g ungeschädigtem DMT bewirkt eine stärkere Verzögerung der Umesterungsreaktion als Terephthalsäuremonomethylester, auf dessen Anwesenheit im thermisch geschädigten DMT der Carboxylgruppengehalt wahrscheinlich zurückzuführen ist. Bei den auf Grund der thermischen Belastung durch Transport und Lagerung von Flüssig-DMT in Betracht kommenden Carboxylgruppengehalten dürfte diese Verringerung der Umesterungsgeschwindigkeit aber noch zu keiner störenden Beeinflussung des Prozeßablaufs führen.

Zur Charakterisierung des thermisch geschädigten DMT wurde eine Methode erarbeitet, die es ermöglicht, Carboxylgruppengehalte bis herab zu 0,25 µÄqu/g DMT (entsprechend einer Säurezahl von 0,0015) exakt zu bestimmen.

In dem Vortrag „Erfahrungen beim Fixieren von Polyesterseide auf verformbaren Pappspulkörpern" referierte *Herrbach*, VEB Chemiefaserkombinat Wilhelm-Pieck-Stadt Guben, über die Versuche in einem Fixierautoklaven zur Sattdampffixierung. Durch Anbringen von mehreren Temperatur-Meßstellen in den Spulen ist es möglich, den Temperaturverlauf in der Spule während des Fixierprogramms zu registrieren. Abschließend wurde der Einfluß der unterschiedlichen Fixierbedingungen innerhalb einer Spule auf Festigkeit und Dehnung sowie Anfärbbarkeit der fixierten Polyesterseide diskutiert.

Zum Schluß sprach *S. Gernhardt*, ITC Rudolstadt, „Über die Perspektiven der Entwicklung und des Einsatzes von Polyesterfaser-Spezialtypen". Im Vordergrund standen dabei die Polyesterfaser-Spezialtypen hochschrumpfend und pillingarm. Für den Hochschrumpftyp wurde nachgewiesen, daß in den verschiedenen Einsatzgebieten im Bekleidungs- und auch im technischen Sektor beim Einsatz dieses Typs ökonomische und qualitative Vorteile gegeben sind. Die Schlußfolgerungen für die pillingarmen Spezialtypen lauteten: Im internationalen Maßstab läßt sich eine Umstellung des Produktionsprofils, bes. beim W-Typ-Einsatz, zugunsten der pillingarmen Typen auf Kosten des gegenwärtigen Normaltyps erkennen.

Kolloquium „Polyamidfaserstoffe" am 11. 10. 1968

Im einführenden Vortrag über „Entwicklungsstand und -tendenzen bei Polyamidfaserstoffen" ging *H. Mertel*, ITC Rudolstadt, auf folgende Schwerpunkte ein:

1. Internationale und nationale Kapazitätsentwicklung der Synthese-, insbesondere der Polyamidfaserstoffe im Zeitraum 1960 bis 1970;
2. Caprolactam-Herstellung (Technologie, Kapazitäten, Qualitätskennwerte);
3. Weiterentwickelte bzw. neue Polyamidfaserstoffe;
4. Polyamidfaserstoff-Forschung in der UdSSR.

Es wurde hervorgehoben, daß die Polyamidfaserstoff-Produktion in der Welt zwischen 1960 und 1970 auf das Fünffache ansteigen wird (1960: 400000 t; 1970: 2 Mill. t), wobei im allgemeinen ein Trend zu Polyamid 6 auf Kosten von Polyamid 6.6 zu beobachten ist. Die Ausführungen zur Caprolactam-Herstellung befaßten sich mit der Anlagengröße und Leistungsfähigkeit, mit der Verringerung der Verfahrensstufen, dem ständig wachsenden spezifischen Stoff- und Energieumsatz sowie mit den Möglichkeiten der kontinuierlichen Prozeßgestaltung. Bei den Neuentwicklungen auf dem Gebiet der Polyamidfaserstoffe beschäftigte sich der Referent ausführlich mit dem neuen Du Pont-Produkt „Qiana".

G. Reinisch, Institut für Faserstoff-Forschung der DAW in Teltow-Seehof, berichtete über eine neue, zuverlässige Viskositäts-Molmassen-Beziehung für Polycaprolactam in 95,6%iger H_2SO_4, über bisher unbekannte Carboxylgruppenanomalien in wasserfreien Polycaprolactamschmelzen und über eine Laborpolymerisationsmethodik (Versuche mit *U. Gohlke*) für die Caprolactampolymerisation, die es gestattet, endgruppenblockierende Lactamverunreinigungen nachzuweisen, die Viskositätsänderungen $\Delta[\eta]$ (95,6%ige H_2SO_4) $> 1{,}5$ $[\text{ml} \cdot \text{g}^{-1}]$ hervorrufen.

E. O. Schmalz, VEB Chemiefaserkombinat Wilhelm-Pieck-Stadt Guben, behandelte in seinem Vortrag „Physikalisch-chemische Grundlagen der Trocknung von PA-Granulat" die diesem Vorgang zugrunde liegenden Gesetzmäßigkeiten. Für die in den Gleichungen auftretenden Größen wurden verschiedene Meßverfahren angegeben. Mittels dieser Werte kann der Trocknungsprozeß berechnet und optimiert werden. Die theoretisch erzielten Ergebnisse konnten unter Produktionsbedingungen bestätigt werden[2].

S. Kaufmann, ITC Rudolstadt, stellte in seinem Vortrag „Probleme der Lichtstabilisierung von Syntheseseiden" einer allgemeinen Erläuterung der Alterungsprozesse (innere und äußere Einflüsse, molekulare Vorgänge, Parameter und Indikatoren der Alterung) die Möglichkeiten der Stabilisierung zum Schutz gegen Strahlungseinwirkung gegenüber.

Die Berechnung der Konzentration eines UV-Absorbers auf/in Syntheseseiden wurde angegeben; es wurde dargelegt, daß der Einfluß des Durchmessers dann verschwindet, wenn der Durchmesser klein ist gegen den Kehrwert des Extinktionsmoduls der Seiden. Der unterschiedliche Einfluß von Titandioxid auf Polyamid und Polyäthylenterephthalat und der Einsatz von UV-Absorbern für diese Polymeren wurden diskutiert.

Abschließend ging der Referent noch auf die Probleme der künstlichen Alterung ein, die sich daraus ergeben, daß bei Polyamid und Polyäthylenterephthalat verschiedene Alterungsmechanismen wirksam sind.

E. Klein, VEB Chemiefaserwerk „Wilhelm Pieck" Schwarza, sprach über „Stand der Forschungsarbeiten zur Entwicklung von PAS-hohl". Er stellte zunächst die Vorteile der synthetischen Hohlseiden heraus, die diese Entwicklung erstrebens- und lohnenswert erscheinen lassen.

Im experimentellen Teil beschäftigte sich der Vortragende mit Problemen der Düsenherstellung, -erprobung und -reinigung sowie mit Problemen und Ergebnissen der Erspinnung und Verarbeitung von Polyamidseide, hohl, rund in verschiedenen Einsatzgebieten.

Kolloquium „Polyacrylnitrilfaserstoffe" am 16. 10. 1968

H. Rimpler, ITC Rudolstadt, referierte über „Entwicklungstendenzen bei Acryl- und Modacrylfasern in Forschung und Produktion". Es wurde ein Überblick zum gegenwärtigen Stand der Produktion und perspektivischen Kapazitätsentwicklung bei Polyacrylnitrilfaserstoffen gegeben, wobei die Produktionsentwicklung in den einzelnen europäischen Ländern gesondert analysiert wurde. Dabei wurde festgestellt, daß gemäß einer prognostischen Einschätzung der Weltverbrauch an Polyacrylnitrilfaserstoffen bis 1970 bei 800 bis 1010 Kt/a liegt. Im Perspektivzeitraum ist in den meisten Industriestaaten Europas ein verstärkter Ausbau bereits bestehender und der Aufbau neuer Polyacrylnitrilfaserstoff-Kapazitäten zu verzeichnen.

Die RGW-Länder bemühen sich generell, ihren bisherigen Faserstoffhaushalt auf dem PVYF-Sektor wesentlich zu verbessern. Von besonderem Interesse dürfte sein, daß die Herstellung von Polyacrylnitrilseide im Prognosezeitraum auch weiterhin von untergeordneter Bedeutung bleiben wird. Von großer Bedeutung dürfte das Pfropf-Copolymerisationsverfahren der Burlington Industries Corporation sein, wenn es gelingt, dieses Verfahren einer produktionswirksamen Nutzung zuzuführen. Immer größeres Augenmerk wird auch der Bedarfsforschung und Einsatzentwicklung bei Polyacrylnitrilfaserstoffen geschenkt, um stets der jeweiligen Marktsituation gerecht werden zu können. Dabei

[2]) Zum Teil Inhalt der Arbeit: *Schmalz, E. O., Ahlers, K. D., Dielforder, H., Grundke, H.*, und *Zuchold H.*: Untersuchungen zur Trocknung von Polyamid-Granulat. Faserforsch. u. Textiltechnik **20** (1969) 1, S. 42–47.

ist es besonders der Heimtextiliensektor, der der PVYF neue Einsatzmöglichkeiten bietet.

Über „Zusammenhänge zwischen Herstellungsparametern und textilen Eigenschaften von WOLPRYLA 65" sprach *I. Müller*, ITC Rudolstadt. Dabei konnte nachgewiesen werden, daß die Herstellungsparameter Spinnverstreckung, Nachverstreckung, Trocknungstemperatur, Feststoffgehalt und Kabelführung beim Trocknungsprozeß mit mehr oder weniger großem Niveauunterschied die textilphysikalischen, textilchemischen und koloristischen Fasereigenschaften bei gegebener Polymerisatzusammensetzung prägen. Unter Beachtung der Vorteile der zitierten Parameter bei den einzelnen Fasereigenschaften wurden die günstigsten Einflußfaktoren für die Faserherstellung von WOLPRYLA 65 genannt.

Für die Schrumpffaser (zur Erzielung ausreichender Schrumpfeigenschaften muß aber die Polymerisatzusammensetzung unbedingt verändert werden) nehmen die Parameter Nachverstreckverhältnis, Trocknungstemperatur, Feststoffgehalt eine entscheidende qualitätsbestimmende Funktion ein.

Herstellungs- und verarbeitungsseitig sind gewisse Abhängigkeiten für die Schrumpf- und Bauscheigenschaften der PVYF WOLPRYLA 65 gefunden worden. Die Fasereigenschaften Schrumpf- und Bauschfähigkeit sowie die Schrumpf- und Bauschfähigkeit der Garne und des textilen Flächengebildes werden primär von der Polymerisatzusammensetzung charakterisiert. Einen gewissen Einflußfaktor stellt auch die Spinnverstreckung dar.

Bezüglich der textilen Verarbeitung und der Qualität der Hochbauschgarne ist ebenfalls zu den Schrumpfbedingungen eine deutliche Abhängigkeit vorhanden; demgegenüber überwiegt aber im allgemeinen der Einfluß der Polymerisatzusammensetzung. Die Ergebnisse dieser Versuchsreihe weisen die Parameter Polymerisatzusammensetzung, Spinnverstreckung, Nachverstreckung, hohe Entkräuselung für die Herstellung eines qualitativ brauchbaren Hochbauschgarnes als Optimum aus.

K. Langner, ITC Rudolstadt, sprach über „Hohlraumstrukturuntersuchungen an Acrylfasern". Zwei Untersuchungsmethoden zur Charakterisierung der Hohlraumstruktur — Hg-Porosimetrie und Röntgenkleinwinkelstreuung (KWS) — wurden von Vorversuchen ausgehend zu Routinemethoden entwickelt, die serienmäßige Messungen zulassen. Die Arbeitsmethodik wurde beschrieben. Die Röntgenkleinwinkelstreuung und die Hg-Porosimetrie liefern parallelgehende Meßwerte. Eine Beziehung zu elektronenmikroskopischen Untersuchungsergebnissen konnte festgestellt werden.

Untersuchungen an trocken- und naßgesponnenen Fasern ergaben, daß die fertigen Fasern nur unbedeutende Differenzen in ihrer Hohlraumausbildung zeigen. An einem Versuchsprogramm mit unter verschiedenen Bedingungen ersponnenen Modacrylfasern wurde die Leistungsfähigkeit dieser Methoden getestet. Es konnten Zusammenhänge der Faserporosität zu Spinnparametern, den Kraft-Dehnungseigenschaften, der Schlingenfestigkeit und den Färbeeigenschaften festgestellt werden.

Neue Bücher

Gewebetechnik. Von einem Autorenkollektiv. Leipzig: Fachbuchverlag 1968. 512 S. 8°. Hlblwd. M 40,—.

Dieses Fachbuch stellt eine Vereinigung des Unterrichtsstoffes dar, der an den Textilingenieurschulen der DDR in den Fächern Bindungslehre und Musterzerlegen bisher getrennt gelehrt wurde.

Die Gliederung basiert auf der in der Bindungslehre allgemein üblichen Steigerung vom Einfachen zum Komplizierten: Ausgehend von den Grundbindungen werden daraus abgeleitete Bindungen in vielfältigen Variationen dargelegt. Mit dem Übergang zu verstärkten Geweben erfolgt eine Einführung in die Jacquardlehre und in das Arbeiten mit Leseweisen. Diese bilden — in Verbindung mit den entsprechenden Gewebeschnitten — die Grundlage für die Ausführungen über Doppel- und mehrfache Gewebe. Besondere Kapitel sind u. a. den Gobelintechniken sowie den Plüsch-, Mokett-, Teppich- und Dreherbindungen gewidmet. Darüber hinaus geht das Fachbuch auch auf bindungstechnische Besonderheiten der Bandweberei ein.

Neben Ausführungen zur Bindungstechnik wird auch die Funktion spezieller Mechanismen und die prinzipielle Arbeitsweise von Sondertechnologien dargelegt, wie beispielsweise die Jacquard- und die Drehertechnik sowie die Herstellung von Teppichen. Außerdem wird auch ein Überblick über die Funktion gebräuchlicher Kartenschlag- und Leviermaschinen gegeben.

Den Abschluß bildet eine formelmäßige Wiedergabe der Grundbindungen und einiger Ableitungen davon. Die mathematische Fassung der Bindungen in dieser Form, die auf Arbeiten von *M. N. Kikitin* zurückgeht, kann die Grundlage für eine zu erwartende elektronische Steuerung der Kartenschlagmaschinen darstellen.

Zur Festigung des Stoffes sind Übungsaufgaben gestellt, und es werden auch die Lösungen hierfür angegeben.

Der gewählte Titel „Gewebetechnik" umfaßt mehr als nur den Stoff der Lehrfächer Bindungslehre und Musterzerlegen: Hierzu gehört beispielsweise auch das Entwickeln von Gewebekonstruktionen für technische Textilien, die bestimmte Festigkeiten in Kett- und Schußrichtung aufweisen müssen, von denen eine Mindest- oder eine Höchst-Bezugsdehnung gefordert wird, an die bestimmte Forderungen hinsichtlich der Flächenmasse gestellt werden, deren Kraft-Dehnungs-Eigenschaften gezielt beeinflußt werden soll usw. Aber auch die Berechnung der Gewebedichtigkeit gehört zur Gewebetechnik. Und — last not least — auch dieses Fachgebiet sollte nicht unabhängig von ökonomischen Überlegungen betrachtet werden; kommt es doch in der Praxis darauf an, durch eine geschickte Sortimentsgestaltung den Grundstein für eine ökonomisch optimale Arbeitsweise eines Betriebes zu legen.

Den Beispielen für das Musterzerlegen kann ein erfahrener Praktiker bewährte Gewebeeinstellungen entnehmen. Da die Gewebe im Original nicht vorliegen, andererseits aber in den Darlegungen nicht klar unterschieden wird zwischen den aus dem Gewebe entnommenen Informationen, die in der Regel mit mehr oder weniger großen Unsicherheiten behaftet sind (z. B. Gewebedichte, Ausarbeitung), und den daraus abgeleiteten Berechnungen sowie den auf Grund technologischer Kenntnisse getroffenen Festlegungen, bedarf die Erarbeitung dieses Stoffes durch Studenten ganz besonders der Erläuterungen eines Fachlehrers.

Die Beispiele für das Musterzerlegen sind den jeweiligen Abschnitten der Bindungslehre zugeordnet. Dabei wird die persönliche Note der einzelnen Autoren hinsichtlich Darstellungsart, Terminologie, Rechnungsgang und dergl. besonders deutlich. So steht beispielsweise dem nachdrücklichen Hinweis auf die ausschließliche Verwendung von standardisierten Webeblättern der metrischen Feine eine Nichtbeachtung dieser Forderung an anderer Stelle gegenüber. Teilweise wird auch das Zeichen Nm zugleich für die Fadenfeinheit und für die metrische Feine, d. h. für die Dimensionen m/g und 1/100 mm gebraucht, was zweifellos zu Irrtümern führt.

Die drucktechnische Ausführung des Buches (Hochglanzpapier und Mehrfarbendruck) ist sehr ansprechend, wodurch die über 900 Bilder — Patronen, Skizzen und Gewebefotos — gut zur Geltung kommen, wenn auch die Präzision des Druckes teilweise besser sein könnte. Der Verzicht auf Bildunterschriften wird — im Hinblick auf den Gebrauch des Buches als Nachschlagewerk — als nachteilig empfunden.

Die vorliegende „Gewebetechnik" schließt eine Lücke auf dem Büchermarkt; die 1. Auflage bietet gute Ansatzpunkte, um dieses Fachbuch zu einem Standardwerk auf dem Webereigebiet zu entwickeln. Doch auch in der vorliegenden Form wird es den Studenten der Textilingenieurschulen zum Gebrauch im Studium willkommen sein, stellt es doch einen guten Leitfaden für eigene bindungstechnische Arbeiten sowie zur Festigung des Unterrichtsstoffes dar. Aber auch der Webereipraktiker wird dieses Fachbuch als Nachschlagewerk sicherlich gern zur Hand nehmen. *H. Rothe*

Solution Properties of Natural Polymers. Special Publication No. 23. London: 1968. The Chemical Society. VIII, 333 S. Geb. 70 s.

Dieses Buch enthält 27 der insgesamt 31 Vorträge des von der Chemical Society vom 25. bis 28. Juli 1967 unter dem gleichen Titel in Edinburgh abgehaltenen internationalen Symposiums, das Polymerwissenschaftler aus verschiedenen Gebieten der natürlichen Polymeren zusammenfaßte. Die Vorträge sind in 5 Gruppen zusammengestellt (1. Proteine und Nukleinsäuren, 6 Vorträge, 94 S.; 2. Gummi und Lignine, 3 Vorträge, 39 S.; 3. Polysaccharide, 10 Vorträge, 106 S.; 4. Spezifische Wechselwirkung in Lösung, 5 Vorträge, 58 S.; 5. Methoden zur Bestimmung der relativen Molekülmasse, 3 Vorträge, 30 S.) und befassen sich fast ausschließlich mit dem Lösungszustand und dem hydrodynamischen und thermodynamischen Verhalten der Lösungen von natürlichen Polymeren der verschiedensten Art. Doch gerade darin liegt der besondere Reiz dieses Symposiums, und es kann eigentlich nur ein wenig bedauert werden, daß der Band keine Diskussionen zu den einzelnen Vorträgen enthält. Trotzdem ist dieses Buch für jeden, der sich mit Lösungen von Hochpolymeren beschäftigt, eine Fundgrube von Anregungen, enthält er doch z. B. die Anwendung an sich bekannter Theorien auf die speziellen Belange der verschiedenen Polymeren, wie es besonders deutlich in den Vorträgen von Prof. *Tanford* „Eigenschaften von Protein-Polypeptid-Ketten als statistische Knäuel" und von Dr. *Burchard* „Hydrodynamische Eigenschaften von Cellulose, Amylose und ihren Derivaten" zutage tritt. Hier, wie auch in vielen anderen Fällen, sprechen bereits die Namen der in der Fachwelt bekannten Autoren für die Qualität der Vorträge, von denen hier nur die der Gruppe Polysaccharide aufgeführt werden sollen.

W. Burchard behandelt in seinem bereits genannten Vortrag (23 S.) anhand von Meßergebnissen an Cellulose, Amylose und ihren Derivaten die Theorien der Viskosität und des Reibungsfaktors in nichtidealen verdünnten Lösungen und die Bestimmung der ungestörten Dimensionen auf Grund dieser Theorien.

H. Bittiger und *E. Husemann* behandeln in ihrem Vortrag „Beziehungen zwischen den Konformationen der Makromoleküle in Lösung und im festen Zustand" (7 S.) Lösungsmitteleinflüsse auf die Bildung von Einkristallen aus Lösungen von Cellulose- und Amylosecarbanilaten.

Das Verhalten von Amyloseacetat in Nitromethan beschreiben *W. Banks* und *C. T. Greenwood* im Vortrag „Hydrodynamische Eigenschaften von Amyloseacetat" (6 S.).

Die verschiedenen Energiezustände möglicher Konformationen der Amylose, berechnet nach verschiedenen Modellen, sind in dem Vortrag von *V. S. R. Rar* und *P. R. Sundararajan* „Konformationsstudien an B-Amylose" (10 S.) enthalten.

W. R. Moore befaßt sich in seinem Vortrag „Solvatation von Cellulosederivaten in Lösung" (10 S.) mit der Ermittlung des Solvatationsgrades von Polymermolekülen aus Messungen der Schallgeschwindigkeit und der Dichte der Lösungen von Cellulosenitrat, Celluloseacetat und Äthylcellulose in verschiedenen Lösungsmitteln.

Im Vortrag „Einige Fließ- und Lösungseigenschaften des Phosphomannans Y-2448" (12 S.) berichten *F. R. Dintzis*, *G. E. Babcock* und *R. Tabin* über Messungen der Viskosität in Abhängigkeit von Konzentration und Geschwindigkeitsgefälle und Sedimentationsuntersuchungen in der Ultrazentrifuge.

Die Verminderung der Reibung beim turbulenten Fließen von Polysaccharidlösungen in Abhängigkeit von der Konstitution untersuchte *J. W. Hoyt* in seinem Vortrag „Turbulentes Fließen von Polysaccharidlösungen" (9 S.).

Über NMR-spektroskopische Messungen berichteten *B. Casu*, *M. Reggiani*, *G. G. Gallo* und *A. Vigevani* unter dem Titel „Wasserstoff-Deuteriumaustausch an Glucose und Polyglucosen in Dimethylsulfoxydlösungen" (10 S.).

Elektrolyteinflüsse auf viskosimetrische Messungen an Polyelektrolyten behandelte der Vortrag „Hydrodynamische Eigenschaften der Onupha-Säure" von *F. G. E. Pautard* und *H. Zola* (5 S.).

Über Struktureinflüsse auf die Löslichkeit und die Viskosität verdünnter Lösungen von Polymeren berichteten *S. K. Patra*, *S. Ghosh*, *B. K. Patnaik* und *R. T. Thampy* unter dem Titel „Lösungseigenschaften von Amylose-Acrylat-Graft-Copolymeren" (9 S.).

Allen an der physikalischen Chemie der Lösungen von Hochpolymeren interessierten Lesern dieser Zeitschrift kann dieses in Druck und Ausstattung sehr gute Buch nur empfohlen werden.

K.-J. Linow

Untersuchung zur rationellen Verarbeitung von Leinengarnen. Von *H. Griese.* Forschungsberichte des Landes Nordrhein-Westfalen. Nr. 1933. Köln und Opladen: Westdeutscher Verlag 1968. 47 S. Kart. DM 25,50.

Der Forschungsbericht befaßt sich speziell mit der Verarbeitung von Leinengarnen als Schußmaterial in der klassischen Weberei. Er besteht aus zwei Teilen, entsprechend den beiden Entwicklungsrichtungen, die sich zur Rationalisierung der Webautomaten in der Praxis durchsetzten:

Teil I: Die Verarbeitung von Leinengarnen auf Schußspulen mit Spitzenreserven als Voraussetzung für den Einsatz von Ladevorrichtungen;

Teil II: Die Möglichkeit der Verwendung des Unifil-Systems für die Verarbeitung von Leinenschußgarnen.

Es wird über Versuche mit 6 verschiedenen Flachs- und Flachswerggarnen berichtet, die mit dem Schweiter-Schußspulautomaten Typ MS, dem Schlafhorst-Autocopser Typ ASE und dem Unifil-Apparat gespult sowie mit Webautomaten von Dornier und Rüti verwebt wurden, und zwar unter Verwendung von Kastenladern der Firmen Fischer und Rüti.

Die technologischen Varianten, deren Einfluß auf Störungen beim Webprozeß untersucht werden, umfassen im wesentlichen die Ausbildung der Spitzenreserve, die Fixierung des Fadenendes, die Form der Automatenhülse, die Spulspannung sowie die Ausbildung des Abstreiforgans.

Die Fixierung und das Abstreifen der Spitzenreserve erwies sich als problematisch, aber lösbar: gewölbte Form der Spitzenreserve, Befestigung des Fadenendes mit doppelter Schlinge und zweimalige Bewegung beim Abstreifen der Spitzenreserve bzw. Verwendung einer speziellen, elastischen Abziehkrone. Beim Einsatz einer Unifil-Einrichtung entfallen diese Probleme. Deshalb — und auch noch aus anderen Gründen — wird dieses System für eine Verarbeitung von Leinengarnen günstiger beurteilt als die Kastenlader.

H. Rothe

Glasfasern. Von *Oszkár Knapp.* Budapest: Akadémiai Kiadnó 1966. 233 S., 20 Abb. Geb. M 41,15.

Mit der vorliegenden Monographie beabsichtigte der durch zahlreiche wissenschaftliche Abhandlungen und eine Reihe von Buchveröffentlichungen auf dem gesamten glastechnischen Gebiet bekannte Autor, den heutigen technischen Stand der Produktion und den Gebrauchswert der Glasfaserstofferzeugnisse darzustellen. Dabei werden weniger die Herstellungsverfahren und Eigenschaften der Glasfaserstoffe beschrieben als ihre vielseitigen Anwendungsmöglichkeiten mit Hervorhebung der Verstärkung von Plasten sowie der Wärme-, Kälte- und Schallisolierung.

Nach kurzem historischem Rückblick folgen knappe, sehr vereinfachte Ausführungen zur Struktur, Chemie und Physik der Glasfaserstoffe (12 S.) sowie zu deren Erzeugung (7 S.). Die geschilderten Verfahrensweisen und quantitativen technologischen Angaben entsprechen nicht dem neueren Stand; beispielsweise bleibt das Direktverfahren zur Glasseidenherstellung unerwähnt.

Sachlich und terminologisch begründete Einwände sind auch zum Abschnitt „Handelsformen der Glasfasern" (8 S.) vonnöten, in dem neben textilen Beschreibungen u. a. spezielle Kurzbezeichnungen einzelner Erzeugnisse gebracht werden.

Den Plasten wird in einem besonderen Kapitel (Struktur der Kunststoffe", „Eigenschaften der Kunststoffe", „Die zur Glasfaserverstärkung verwendeten Kunststoffe") ein verhältnismäßig breiter Raum (17 S.) gewidmet im Gegensatz zu den Abschnitten „Haftmittel" (2 S.) und „Eigenschaften der glasfaserverstärkten Kunststoffe" (7 S.), die nur sehr vereinfachte und (Abschnitt „Haftmittel") sachlich nicht ganz einwandfreie Darstellungen zum Inhalt haben.

Einen guten Überblick über die verschiedenen Herstellungsverfahren für glasfaserstoffverstärkte Plaste gibt der Abschnitt „Die Verarbeitung der glasverstärkten Kunststoffe", dem sich als Hauptteil des Buches die Darstellung zahlreicher Anwendungen für Glasfaserstofferzeugnisse anschließt (122 S.). Die Wiedergabe vieler bis ins Handwerkliche reichender Details stützt sich auf umfangreiches Bild- und Zahlenmaterial vorwiegend aus Firmenbroschüren. Besonders eingehend werden neben den GFP die Wärme-, Kälte- und Schallisolierung in den verschiedensten industriellen Bereichen vom Bauwesen bis zum Flugzeugbau behandelt und hierzu umfangreiche Gestaltungs- und Berechnungsgrundlagen angeführt.

Der Quellennachweis beschränkt sich auf die Nennung einiger Fachzeitschriften und Fachbücher, allerdings unter Auslassung einiger beachtenswerter Standardwerke. Spezielle Literaturhinweise im Text fehlen völlig. Das Buch wird deshalb als Nachschlagewerk, auch auf Grund der angedeuteten sachlichen Fehler und terminologischen Mängel, Bedeutung nicht erlangen können. Letztere entspringen offenbar auch gewissen Sprachübertragungsschwierigkeiten und wären sicherlich durch eine deutsche Überarbeitung zu vermeiden gewesen.

Als eine der relativ wenigen einführenden Übersichten über das Glasfaserstoffgebiet wird das Buch dennoch für den Praktiker und den technischen Nachwuchs der glasfaserherstellenden und -verarbeitenden Industrie, insbesondere der Isoliertechnik, von Interesse und Nutzen sein.

R. Barthel

Pigments. An Introduction to their Physical Chemistry. Hgg. von *David Patterson.* Amsterdam/London/New York: Elsevier Publ. Comp. 1967, VII, 210 S., 93 Abb., 19 Tab. Lwd. Dfl. 20,—.

Zwei Gründe waren für die Besprechung des vorliegenden Buches maßgebend: Einmal gewinnen organische Farbstoffpigmente unterschiedlichster Struktur für die Färberei und den Textildruck stetig an Bedeutung, zum anderen geht im Zuge des zunehmenden Spezialistentums für den einzelnen das verbindende Element grundsätzlicher, strukturbestimmender Zusammenhänge immer mehr verloren. Nimmt daher der Leser dieser Zeitschrift unter diesen Aspekten das zu besprechende Buch zur Hand, so wird er feststellen, daß fast die Hälfte der darin enthaltenen Kapitel unmittelbar für den auf dem Faserstoffgebiet wissenschaftlich Tätigen nützlich sind, und er aus den anderen Abschnitten wertvolle Anregungen gewinnen kann.

Die einzelnen Kapitel befassen sich mit der Theorie der Farbgebung anorganischer Substanzen; Farbe und Konstitution organischer Moleküle; der Farbe von Pigmentkristallen; Photoleitfähigkeit und Abbau organischer Moleküle; Keimbildung und Wachstum der Kristalle; Messung der Teilchengröße und ihre Bedeutung; instrumentelle Methoden der Farbmessung; instrumentelle Methoden der farbmetrischen Rezeptierung; Theorie der Oberflächenaktivität; Theorie der Dispersion, Flockulation und Flotation.

Als Verfasser zeichnen: *W. Feitknecht, F. Jones; D. Patterson; D. D. Eley* und *M. R. Willis; W. J. Dunning; T. Allen; A. R. Robertson; W. Black; V. T. Crowe.*

Das Buch entstand auf der Grundlage eines Symposiums „Progress in the Chemistry and Technology of Pigments", das 1964 an der Universität von Leeds abgehalten worden ist. Über die Chemie und Herstellung der Pigmente ist relativ viel bekannt. Dagegen mangelt es noch an Kenntnis der physikalisch-chemischen Grundlagen, die ja stark die Eigenschaften der Farbstoffteilchen beeinflussen. Daß in den „Pigments" gerade diese Seite betont wird, ist nicht nur eine klare Tendenz in der Entwicklung der Wissenschaften, es macht das Buch auch für den Leserkreis dieser Zeitschrift wertvoll. Es ist in einem guten und leichtverständlichen Englisch geschrieben. Seine Lektüre kann empfohlen werden.

H. H. Schmiedeknecht

Polymer Reactions. Hgg. von *E. M. Fettes.* (J. Polymer Sci., Part C: Polymer Symposia No. 24. New York/London/ Sydney: Interscience Publishers, 1968. VI, 316 S. Brsch. 126 s.

Vom 9. bis 14. April 1967 fand in Miami Beach, Florida, ein Symposium der American Chemical Society über chemische Reaktionen an Polymeren statt. Von den dort gehaltenen 26 Vorträgen sind 25 vollständig in diesem Band zusammengefaßt. Ein Vortrag — bereits in TAPPI veröffentlicht — liegt als Kurzfassung vor. Obwohl es sich bei fast allen Vorträgen um Ergebnisse der Grundlagenforschung handelt, ist es doch interessant, daß über zwei Drittel der Beiträge aus den Laboratorien großer Konzerne kamen.

Vom polymeren Substrat her wurden natürliche Polymere, gesättigte und ungesättigte Kohlenwasserstoff-Polymere und Polymere mit funktionellen Gruppen behandelt. Der Schwerpunkt lag bei den chemischen Reaktionen, weniger bei den durch Modifizierung erzielten Eigenschaften.

Unter den Vorträgen, die für das Faserstoffgebiet von Interesse sind, wären zu nennen: Zwei Beiträge aus der Textilfaserabteilung von du Pont über die Reaktion von Polyhydraziden mit Phosphorpentasulfid (Arbeitsrichtung hochtemperaturfeste Polymere) und über Polyvinylchlorformiat und dessen Derivate. Ein Vortrag aus dem Chemstrand Research Center über die Reaktion von Polyamid 66 mit Diisocyanaten und Dicarbonsäuredichloriden. Aus dem Gebiet der natürlichen Polymeren seien noch erwähnt: Arbeiten zur Modifizierung von Baumwolle mit Chloracetamid, Reaktionen von lebenden Polymeren mit natürlichen Polymeren und ihren Analoga, Pfropfreaktionen an Maisstärke sowie Hydroxyäthylierung von Linters-Zellstoff.

Insgesamt gesehen vermittelt der Band dem auf diesem Gebiet arbeitenden Chemiker wertvolle Anregungen. Es wäre jedoch wünschenswert, wenn es dem Verlag gelänge, die über ein Jahr betragende Zeitspanne zwischen Symposium und Erscheinungstermin bei künftigen Symposienbänden zu verkürzen.

H. Herma

Untersuchungen an einer Versuchs-Muldenmangel zur Erreichung optimaler Betriebsbedingungen und Wäscheschonung. Von *Herbert Schmidt.* (Forschungsberichte des Landes Nordrhein-Westfalen. Nr. 1945.) Köln und Opladen: Westdeutscher Verlag 1968. 28 S. mit 28 Abb. Brosch. DM 14,—.

Das Mangeln der in der Wäscherei frischgewaschenen und geschleuderten „glatten" Wäsche — ein organisatorischer und arbeitsökonomischer Schwerpunkt ihrer Fertigstellung — soll die im Gewebe noch vorhandene Restfeuchtigkeit verdampfen und gleichzeitig dessen Oberfläche glätten und fixieren. Mit dem reinen Trocknungsprozeß befaßt sich die vorliegende neueste Veröffentlichung des bekannten Mitarbeiters der Krefelder Wäschereiforschung.

Seine Untersuchungen beinhalten die Abhängigkeit des Trocknungsvorganges von folgenden Faktoren:

1. Wäscheart,
2. Wäscheflächenmasse,
3. Wäschefeuchtigkeit,
4. Wäschelagenzahl,
5. Wärmeübergang zwischen Heizkörper („Mulde") und Wäsche
   a) Dampfdruck, Temperatur,
   b) Durchlaufgeschwindigkeit,
   c) Kontaktlänge, Durchgabezahl, Kontaktzeit,
6. Absaugung.

Die für die umfangreichen Versuchsreihen benutzte Modell-Einmuldenmangel (Walzendurchmesser 600 mm, Walzenlänge 500 mm), deren Rotationsgeschwindigkeit und Anpreßdruck stufenlos regelbar sind, verfügt über alle, das Trocknungsgeschehen beeinflussenden Faktoren, wie Dampfdruck, Walzendruck, Durchlaufgeschwindigkeit, Temperaturen am Gewebe und im Kondensat und Reibungskraft am Walzenumfang, genau registrierenden Meßeinrichtungen. Der erzielte Trocknungsgrad wird durch Differenzwägung des eingesetzten Testgewebes (Baumwoll-Berufsköper, K3/1S, 185 g/m²) ermittelt.

Die erzielten und vom Autor übersichtlich und mit anschaulichem Kurvenmaterial dargestellten und abschließend zusammengefaßten Ergebnisse vermitteln nicht nur dem Konstrukteur solcher Fertigungsmaschinen wertvolle Hinweise, sondern sind auch für den Wäschereitechniker und den Praktiker von hohem Interesse. Gerade letzterer wird in dieser Veröffentlichung manche Erkenntnisse, die im Betriebe rein empirisch gewonnen wurden, nun bestätigt finden. Dies gilt nicht zuletzt auch für die Fragen der Mangelbewicklung, bei der beispielsweise der überragende

Einfluß der beim Durchgang der Wäsche über die Fläche der Mulde herrschenden Reibungsverhältnisse bei Mehrschichtbewicklung und in Abhängigkeit vom Fasermaterial studiert wird.

Hinsichtlich der Haltbarkeit des Walzenbelages je nach auftretender mechanischer Belastung und besonders Wärmeeinwirkung zeigt bei einem Vergleich zwischen Baumwolle und Polyester letzteres bei Temperaturen über 150 °C eine vielfach höhere Lebensdauer, wenn auch beim Einsatz dieser Chemiefaser das Gewebe geiwssen Voraussetzungen („rutschfeste Oberfläche") gerecht werden muß.

Es bleibt zu hoffen, daß die aus der Fülle der erzielten Versuchsergebnisse andeutungsweise wiedergegebenen Beispiele erkennen lassen, wie wertvoll die Veröffentlichung für Lehre, Forschung und Praxis ist; auf die vom Autor angekündigte Fortsetzung, die sich mit dem Problem des Glätt- und Fixiereffektes der Muldenmangel befassen soll, darf man mit Recht gespannt sein *H.-E. Schwarzkopf*

Testfadenmeßtechnik zur indirekten Ermittlung während der Verarbeitungsprozesse auftretender Fadenspannungen. Von *H. Stein* (Forschungsberichte des Landes Nordrhein-Westfalen. Nr. 1948) Köln und Opladen: Westdeutscher Verlag 1968. 43 S., 39 Abb., kart. DM 23,—.

Im vorliegenden Forschungsbericht wird die Beeinflussung des Kraft-Dehnungsverhaltens von Fäden durch auftretende Fadenzugkräfte bei technologischen Prozessen untersucht. Es wird davon ausgegangen, daß in vielen Fällen weniger Größe und Art der Fadenzugkräfte interessieren, als vielmehr die sie hervorrufenden Veränderungen der K-D-Eigenschaften im Vergleich zum bekannten Verhalten des unbeanspruchten Materials.

Den eigentlichen Untersuchungen wird eine kurze Beschreibung der verwendeten Prüfeinrichtungen vorangestellt, und es wird eine Abschätzung über Vor- und Nachteile gegeben. Neben statischen Zugprüfungen werden für die vorliegende Aufgabe Dehnungsprüfungen am laufenden Faden als besonders geeignet erkannt, da die ermittelte Dehnkraft dem Fadenzugverlauf während der Verarbeitung analog ist. Für die vergleichenden Fadenzugkraftmessungen werden kapazitive bzw. piezo-elektrische Meßeinrichtungen benutzt.

Die Untersuchungen zeigen Möglichkeiten zum Nachweis der durch Zugkräfte veränderten Eigenschaften von Baumwollfäden, Wollfäden und Viskoseseide. Baumwollfäden werden danach als besonders geeignet für Testfäden angesehen.

Es werden dann die Auswirkungen der beim Spinnen und Zwirnen auftretenden Fadenspannungen untersucht. Alle benutzten Prüfverfahren lassen die unterschiedliche Beanspruchung des Materials, z. B. beim Spinnen an Kopsansatz, Kopsmitte und Kopsspitze, erkennen. Hier ist darauf hinzuweisen, daß in der Abb. 12 nicht die Eigenschaften eines ungekrumpften, sondern die eines gekrumpften Baumwollfadens bei der Dehnkraftprüfung am laufenden Faden gezeigt werden.

Beim Spinnen oder Zwirnen auftretende kurzperiodische Schwankungen werden festgestellt, wobei es wesentlich ist, daß nicht die mittleren Fadenzugkräfte, sondern die Zugkraftspitzen das Fadenmaterial beanspruchen. Auch an Fäden von Spulmaschinen konnten — insbesondere durch Dehnkraftprüfungen am laufenden Faden — Zugkraftänderungen nachgewiesen werden.

Neben diesen vergleichenden Prüfungen der K-D-Eigenschaften zur Beurteilung von Bearbeitungseinflüssen schlägt der Verfasser vor, durch Verwendung spezieller Testfäden die während der Verarbeitung aufgetretenen Fadenzugkräfte zu ermitteln. Hierzu erforderliche Testfadenkennwerte, d. h. das Verhalten des Fadens gegenüber Zugkräften, werden ebenfalls wieder durch stufenweise Dehnkraftermittlung am laufenden Faden und anschließende Prüfung bei konstanter Dehnung gefunden. Wird solches Testmaterial im Verarbeitungsprozeß bestimmten Zugbeanspruchungen unterworfen, so kann durch eine Prüfung bei konstanter Dehnung auf die wirksam gewesenen Zugkräfte geschlossen werden. Dieses Verfahren ist nach Ansicht des Verfassers besonders dort vorteilhaft, wo direkte Zugkraftmessungen nicht möglich sind.

Die vorliegende Arbeit bringt dank der langjährigen Erfahrung des Verfassers auf dem Gebiet der Meßtechnik eine wertvolle Erweiterung des Erkenntnisstandes und trägt zur Aufklärung der Zusammenhänge zwischen technologisch bedingter Zugkraft und dem K-D-Verhalten von Fäden bei. *H. Hofmann*

Macromolecular Chemistry 2. Special lectures presented at the International Symposium on Macromolecular Chemistry held in Prague, Czechoslovakia 30 August to 4 September 1965. *International Union of Pure and Applied Chemistry. Physical Chemistry Division. Commission on Macromolecules* in conjunction with *The Czechoslovak Chemical Society.* London: Butterworths 1966. VI, 642 S., 135 s.

„macro 65" in Prag war umfassend und vielfältig. Die preprints von ca. 800 Diskussionsvorträgen wogen in jeder Hinsicht schwer. Das wissen inzwischen auch die Nicht-Teilnehmer, nachdem bereits der sechste Band C 16 des J. Polymer Sci. erschienen ist. Das vorliegende Buch mit den „special lectures" ist das „Kopplungsglied" zwischen den Originalarbeiten und dem bis dahin bekannten Stand des Wissens in der Makromolekularen Chemie. Dabei bürgen die Namen der Autoren dafür, daß nicht lediglich mit Fleiß über Fortschritte berichtet wird. *Mark, Debye, Kargin, Sardron* und *Schulz,* um die Vortragenden der „Symposium lectures" noch einmal zu nennen, erörtern natürlich die Hintergründe und die Nutzbarkeit (im weitesten Sinne) des einschlägigen wissenschaftlichen Fortschritts. Und es ist gut, daß diese und 30 andere Reflexionen nicht nur vor Vielen vorgetragen, sondern auch für alle Interessenten in diesem Symposiumsbuch gedruckt wurden.

Eine Auswahl der behandelten Themen soll Einzelheiten und die für die Polymerwissenschaft traditionelle Breite der Gesamtthematik erkennen lassen:

„Synthese hochtemperatur-beständiger Werkstoffe" (*H. F. Mark*); „Lichtstreuung als Arbeitsmittel" (*P. Debye*); „Der Einfluß struktureller Phänomene auf die Ausbildung von Polymereneigenschaften" (*V. A. Kargin*); „Über physikochemische Eigenschaften biologischer Makromoleküle" (*C. Sardron*); „Die Synthese einheitlicher Polymerer im Laboratorium und in der Natur" (*G. V. Schulz*).

„Einige Gesichtspunkte der Nichtgleichgewichts-Polykondensation" (*V. V. Koršak*); „Fortschritte in der anionischen Polymerisation" (*M. Szwarc*), „Reflexionen über die radikalische Polymerisation" (*C. H. Bamford*); „Kinetik und Chemie polymeranaloger Reaktionen" (*G. Smets*); „Gegenwärtige Entwicklungen auf dem Gebiet des Polymerenabbaus" (*N. Grassie*); „Die Parakristallinität in linearem und kristallinem Polyäthylen als allgemeines Konzept von Makromolekülen" (*R. Hosemann*); „Synthese neuer fadenbildender Polymerer" (*M. Koton*); „Möglichkeiten der Röntgenkleinwinkelanalyse bei der Untersuchung gelöster und fester hochpolymerer Substanzen" (*O. Kratky*); „Hydrodynamik linearer Makromoleküle" (*A. Peterlin*); „Einige neuere Aspekte der Theorie der Polymerlösungen" (*M. Kurata*).

Daß den Vorträgen in den meisten Fällen eine ausführliche Zitatenliste beigegeben wurde (bei *Debye* beginnt sie mit zwei schon der Historie angehörigen Arbeiten über des Himmels Blau, Phil. Mag. 1871 und 1899) ist dankenswert.

So wird aus dem Lehrbuch auch noch ein Handbuch für den Praktiker. *G. Reinisch*

Handbuch der chemischen Untersuchung der Textilfaserstoffe. IV. Bd., 2. Teil. *Untersuchung der Faserfremdkörper, der chemisch veränderten Faserstoffe und der damit verbundenen Veredlungseffekte. II. Spezieller Teil.* Von *H. M. Ulrich.* Wien/New York: Springer 1968. 8°, XVII, 564 S., 125 Abb., 95 Tab., Lwd. DM 200,—.

Nach dem im Jahre 1967 herausgegebenen ersten Teil des vierten Bandes des Handbuches der chemischen Untersuchungen der Textilfaserstoffe liegt nunmehr auch der abschließende zweite Teil vor. Er umfaßt wie angekündigt speziell die Verfahrenstechnik der Cellulose-Hochveredlung sowie die Prüftechnik.

Bei der Darstellung des Stoffes folgt der Autor dem schon in früheren Bänden bewährten Schema: Klarstellung der Begriffe, Technologie und praktische Durchführung der

Verfahrensgänge zur Erlangung der gewünschten Ausrüstungseffekte. Anschließend werden nach der ausführlichen Behandlung der Prüfmethoden Fehler und Schäden, die bei der Hochveredlung auftreten können, besprochen. Zahlreiche Literaturzitate, die z. T. Arbeiten des Jahres 1967 erfassen, weisen auf die Originalliteratur hin.

Das Werk gliedert sich in 6 Hauptabschnitte, wobei der erste, die Knitterfestausrüstung der Cellulosefasertextilien, der umfangreichste ist und mehr als die Hälfte des Buches beansprucht. In diesem Abschnitt befaßt sich der Autor nach allgemeinen Angaben über den Begriff des Knitterns mit dem Einfluß des Faserfeinbaues und der Gewebekonstruktion auf das Knitterverhalten sowie sehr ausführlich mit der praktischen Durchführung der Knitterfestausrüstung. Im Anschluß daran folgen physikalische und chemische Prüfmethoden. Bei den physikalischen Methoden werden die Trockenknitterfestigkeit, die Gewebesteifheit, die Naßknittererholung, die Ermittlung der Zug-, Berst-, Einreiß-, Knickbruch- und Scheuerfestigkeit, der Widerstand gegen Scheuern, die Nähbarkeit der ausgerüsteten Gewebe, der Warenbegriff und Trageversuche beschrieben. Die chemischen Methoden befassen sich mit der Art der Knitterfestausrüstung, quantitativen Bestimmungen (Formaldehyd, Kunstharzgehalt, Wasserrückhaltevermögen, pH-Wert u. a.), Restschrumpfung, Waschfestigkeit, Absäuerungsbeständigkeit, Polymerisationsgrad, Kondensationszustand, Kunstharzverteilung, Kondensationsstufe, Verhalten der kunstharzausgerüsteten Textilien gegenüber Färbungen und Lagerung, geruchbildende Amine, Formaldehydabspaltung sowie Chloreinwirkung bei der Wäsche. Weitere Hauptabschnitte dieses Teilbandes sind: Quellfestausrüstung, krumpffeste Ausrüstung (chemische und physikalische Methoden), permanente Kalandereffekte (Glanz und Prägung), Stretchgarne und -gewebe aus Cellulosefasern und die Herstellung geformter Artikel aus Baumwollgeweben. Den Schluß des Buches bilden ein Namenverzeichnis (9 Seiten) und ein umfangreiches Sachverzeichnis (40 Seiten) für den gesamten Band IV. Der Druck und die Abbildungen sind recht ansprechend.

Es kann gesagt werden, daß auch der zweite Teil des vierten Bandes des Handbuches der chemischen Untersuchung der Textilfaserstoffe alle in ihn gesetzten Erwartungen voll erfüllt. Zusammen mit dem ersten Teil stellt er das modernste und umfassendste deutschsprachige Werk über die Hochveredlung der Cellulosefasern dar und kann den interessierten Kreisen sehr empfohlen werden.

G. Hirsch

Wissenschaftliches Kolloquium

Das Institut für Textiltechnologie der Chemiefasern, Rudolstadt-Schwarza, führt anläßlich des 20. Jahrestages der Deutschen Demokratischen Republik und des fünfzehnjährigen Bestehens des Institutes am 3. und 4. Juli 1969 in Rudolstadt-Schwarza ein wissenschaftliches Kolloquium der sozialistischen Länder durch. Es werden folgende Vorträge gehalten:

3. 7. 1969

Dr. *Spirin*, Kalinin (UdSSR):

Strukturuntersuchungen an Polyamidfaserstoffen

Dr. *G. Bodor*, Budapest (VR Ungarn):

Strukturprobleme bei Synthesefaserstoffen

Mgr. Ing. *K. Hempel*, Łódź (VR Polen):

Entwicklungsstand und -tendenzen in der Anwendung von mikrokalorimetrischen Methoden für die Beurteilung der Faserstruktur

Prof. Dr. *V.-F. Androsov*, Leningrad (UdSSR):

Elektrokinetische Forschungsmethoden zur Strukturuntersuchung von Chemiefaserstoffen

Doz. Dr. *W. Berger*, Dresden (DDR):

Modifizierung von Synthesefaserstoffen durch Polymermischungen

Dr. *V. Gröbe*, Teltow-Seehof (DDR):

Fadenbildungsprozeß und Faserstruktur von Polyacrylnitrilfäden

Dipl.-Ing. *H. Dittmann*, Rudolstadt (DDR):

Strukturbildung und -änderung bei der Erspinnung, Verstreckung und Nachbehandlung von Polyamid 6

4. 7. 1969

Doz. Dr. *T. Skwarski*, Łódź (VR Polen):

Neuere Erkenntnisse der Pfropfung von Chemiefaserstoffen

Dipl.Ing. *S. Hruz*, Svit (ČSSR):

Die Herstellung von Vliesen direkt unter der Düse (Spinnvliese)

Dr. *K.-H. Banke*, Karl-Marx-Stadt (DDR):

Probleme der Texturierung, der Verarbeitung und des Einsatzes von Texturfäden

Dr. *D. Buskies*, Rudolstadt (DDR):

Herstellung, Eigenschaften und Verarbeitung von Bikomponentenfäden auf Basis Polyamid

Dipl.-Ing. *K.-H. Geitel*, Rudolstadt (DDR):

Spezielle Probleme der Prüfung von Texturfäden

Interessenten aus den sozialistischen Ländern und der DDR richten Anfragen an das

Institut für Textiltechnologie der
Chemiefasern, Rudolstadt-Schwarza
(DDR) 6822 Rudolstadt-Schwarza
Breitscheidstraße 39

Patentschau

Auszug aus der Lieferung 21/22/1968 der Patentschau „Faserstoffe und Textiltechnik"
Ausgabe A: Faserstoffe einschl. Kunststoffe und organ. Grundsubstanzen, zusammengestellt von der Abteilung Wissenschaftliches Berichtswesen des Instituts für Faserstoff-Forschung der DAW, 153 Teltow-Seehof, Kantstr. 55

Die Patentschau ist nach der deutschen Patentklasseneinteilung gegliedert. Es bedeuten: DDP = DDR-Patent; DBP = Deutsches Bundespatent; DAS = (West)-Deutsche Auslegeschrift; OeP = Österreichisches Patent; PoP = Polnisches Patent; SzP = Schweizer Patent; FrP = Französisches Patent; GBP = Britisches Patent; SvP = Schwedisches Patent; SUP = Sowjetisches Patent; ČSP = Tschechoslowakisches Patent; USP = Amerikanisches Patent; — A = Anmeldedatum, B = Tag der Ausgabe der Patent- bzw. Auslegeschrift.

Klasse 12o, 6. Synthetische Derivate der Kohlehydrate u. dgl., z. B. Celluloseester, auch Viscose

SzP 461454. Verfahren zur Herstellung von Celluloseäthern in einer leichtlöslichen Form. Erf.: *Kagenobu Inoshita* u. *Tadamasa Morikawa*. Inh.: Toyo Spinning Co., Ltd., 8, Dojima-Hamadori 2-chome, Kita-ku, Osaka (Ja). A. 24. 11. 64. Kl.: 12o, 6. A.-Z.: 15133/64. Prior.: 26. 11. 63 (Ja; A.-Z.: 63605). Entspr. FrP 1415227 u. GBP 1036359.

USP 3395140. Verkürzung der für die Bildung einer Xanthat-Lösung erforderlichen Zeit. Erf.: *Richard P. Williams*. Inh.: American Enka Corp., Enka, N.C.A. 2. 5. 66, B. 30. 7. 68. Kl.: 260–218. 6 Anspr. A.-Z.: 546589.

USP 3395971. Herstellung von faserförmigen Celluloseäthern unter Verwendung von Jodidsalzen als Katalysator. Erf.: *Ricardo H. Wade*, *Clark M. Welch* u. *Howard P. Bennett*. Inh.: United States of America, Secretary of Agriculture. A. 29. 1. 64, B. 6. 8. 68. Kl.: 8–120. 14 Anspr. A.-Z.: 341131.

Klasse 12o, 14. Aromatische Carbonsäuren und Harzsäuren (teilweise)

JaP 13201/68. Terephthalsäure und Adiponitril. Inh.: Kurashiki Rayon K. K. A. 23. 2. 65, B. 4. 6. 68. A.-Z.: 10315/65.

Klasse 12o, 21. Carbonsäuren mit ungesättigter Atomkette, z. B. Zimtsäure (teilweise)

SzP 461466. Verfahren zur Herstellung von olefinisch ungesättigten Nitrilen. Erf.: *James Louis Callahan, Ernest C. Milberger* u. *Robert Karl Grasselli*. Inh.: The Standard Oil Co., Midland Building, Cleveland 15, Ohio (US). A. 2. 11. 65. Kl.: 12o, 21. A.-Z.: 15091/65. Prior.: 4. 11. 64 (US; A.-Z.: 408723). Entspr. FrP 1459416.

JaP 13964/68. Abtrennung von (Meth)acrylsäure. Inh.: Mitsubishi Yuka Co., Ltd. A. 6. 11. 64, B. 13. 6. 68. A.-Z.: 62479/64. Entspr. FrP 1452566.

Klasse 12p, 5. Stickstoffringe der heterocyclischen Reihe mit einem Stickstoffatom. Sonstige Ringe mit einem Stickstoffatom . . .; Lactame . . . (teilweise)

DDP 63498. Verfahren zur Herstellung von Lactamen. Erf.: *Otto Immel, Hermann Schnell, Helmut Schwarz* u. *Manfred Mansmann*. Inh.: Farbenfabriken Bayer AG, Leverkusen (DB). A. 27. 9. 67, B. 5. 9. 68. Kl.: 12p, 5. A.-Z.: AP 12p/127428.

SzP 461497. Verfahren zur Herstellung von ε-Caprolactam. Erf.: *Jan van Westerveld* u. *Guillaume André Theodoor Sligchers*. Inh.: Stamicarbon N. V., van der Maesenstraat 2, Heerlen (Nd). A. 3. 11. 65, Kl.: 12p, 5. A.-Z.: 15180/65. Prior.: 5. 11. 64 (Nd; A.-Z.: 6412868).

Klasse 29a. Mechanische Gewinnung von Gespinstfasern

SzP 460239. Verfahren zur Herstellung eines zusammengesetzten Fadens mit örtlichen Verdickungen. Erf.: *Giacomo Cerutti, Giorgio Faraci* u. *Fabio Toraglieri*. Inh.: Bemberg S. p. A., via Brera 21, Mailand (It). A. 7. 11. 67. Kl.: 29a, 6/20. A.-Z.: 1554/67. Prior.: 24. 11. 66 u. 31. 5. 67 (It.; A.-Z.: 30338 A/66 u. 16739 A/67).

JaP 11832/68. Verstrecken von Polyesterfäden in zwei Stufen. Inh.: Toyo Rayon K. K. A. 1. 10. 64, B. 18. 5. 68. A.-Z.: 55643/64.

USP 3394431. Vorrichtung für das Extrudieren von Maschinen-, Spitzen- oder Netzgeweben aus Kunststoff. Erf. u. Inh.: *George S. Nalle jr.*, 108 W. 3nd St., Austin, Tex. 78705. A. 15. 9. 64, B. 30. 7. 68. Kl.: 18 – 12. 10 Anspr. A.-Z.: 396640.

USP 3394429. Vorrichtung zum Verstrecken von thermoplastischen synthetischen Faserstoffen. Erf.: *Kazumi Nakagawa, Takuro Hayahara* u. *Nobuyuki Kishimoto*. Inh.: Japan Exlan Co. Ltd., Osaka (Ja). A. 16. 7. 64, B. 30. 7. 68. Kl.: 18 – 1. 2 Anspr. A.-Z.: 383074. Prior.: 17. 7. 63 (Ja; A.-Z.: 38/38768). Entspr. FrP 1401022 u. GBP 1002750.

FrP 1535566. Spinnvorrichtung für Fäden aus synthetischem Material mit Hilfe von Mehrlochspinndüsen nach dem Naßspinnverfahren. Inh.: VEB Filmfabrik Wolfen. A. 19. 6. 67, B. 21. 8. 68. Int. Kl.: D 01d. A.-Z.: 110983.

GBP 1126609. Spinndüse. Inh.: E. I. du Pont de Nemours and Co. A. 19. 7. 67, B. 11. 9. 68. Kl.: B 5.B. Int. Kl.: D 01d 3/00. A.-Z.: 33219/67. Prior.: 20. 7. 66 (Ca; A.-Z.: 965958).

JaP 11823/68. Spinndüse. Inh.: Toyo Rayon K. K. A. 2. 8. 65, B. 18. 5. 68. A.-Z.: 46621/65.

JaP 12610/68. Spinndüse zur Herstellung eines zusammengesetzten Fadens. Inh.: Asahi Kasei Kogyo K. K. A. 24. 11. 62, B. 28. 5. 68. Kl.: 42 A.

JaP 14173/68. Spinndüsen. Inh.: Tosaku Fukushima. A. 5. 2. 64, B. 15. 6. 68. A.-Z.: 37427/64.

JaP.13331/68. Spinndüse für Hohlfäden. Inh.: Jujyo Seisakusho K. K. A. 3. 12. 65, B. 5. 6. 68. A.-Z.: 74027/65.

PoP 56075 Zus. z. Pat. 51653. Spinndüse zum Erspinnen von Viskosefäden. Erf.: *Jerzy Kedzior, Leon Widuliński, Stefan Cieślik* u. *Wiktor Drozdz*. Inh.: Tomaszowskie Zakłady Włókien Sztucznych, Tomaszów Mazowiecki (Po). A. 16. 6. 66. Kl.: 29a, 6/10.

JaP 11818/68. Kratzer. Inh.: Teijin K. K. A. 20. 8. 65, B. 18. 5. 68. A.-Z:. 50968/65.

FrP 1535229. Strahlvorrichtung, um einem Faden eine bestimmte Textur zu erteilen. Inh.: US Textile Machine Co. A. 28. 8. 67, B. 14. 8. 68. Int. Kl.: D 02j. A.-Z.: 119179.

DAS 1270216 Zus. z. Anm. F 31875 VIIa/29a (DAS 1248855). Verfahren zur Herstellung von Fäden aus linearen Polyestern. Erf.: *Herbert Kurzke, Helmut Sattler* u. *Edmund Stix*. Anm.: Farbwerke Hoechst AG vorm. Meister Lucius & Brüning, 6000 Frankfurt. A. 22. 2. 61, B. 12. 6. 68. Kl.: 29a, 6/31. A.-Z.: P 1270216 (F 33256). A.-Z.: F 31875 vgl. auch DAS 1248855. Entspr. SzP 393623 u. GBP 991642.

PoP 56029. Spinnverfahren für Polyvinylalkoholfäden sowie Vorrichtung zur Anwendung dieses Verfahrens. Erf.: *Bohdan Dawidiwicz*. Inh.: Instytut Włókien Sztucznych i Syntetycznych, Łódź (Po). A. 2. 12. 65. Kl.: 29a, 6/30.

FrP 1533851. Verfahren zur Verbesserung der Eignung eines Filmstreifens aus einem thermoplastischen makromolekularen Material zum Verweben. Inh.: Shell Internationale Research Maatschappij N. V. A. 9. 8. 67, B. 3. 8. 68. Int. Kl.: D 01d, D 02g u. D 03d. A.-Z.: 117353. Prior.: 11. 8. 66 (Nd; A.-Z.: 6611287).

JaP 13360/68. Gekräuselte Bauschfäden. Inh.: Chori, K. K. A. 31. 1. 66, B. 5. 6. 68. Kl.: 42G. A.-Z.: 5774/66. Entspr. FrP 1500410.

USP 3395525. Verfahren und Vorrichtung zum Zerfasern von Filmen durch Reibung. Erf.: *William R. Eddy*. Inh.: Phillips Petroleum Co. A. 13. 1. 67, B. 6. 8. 68. Kl.: 57 – 34. 12 Anspr. A.-Z.: 609207.

Klasse 29b. Chemische Gewinnung bzw. Herstellung von Spinnfasern und Fäden sowie ihre Präparation für die textile Weiterverarbeitung

JaP 13325/68. Entlüften viskoser Flüssigkeiten. Inh.: Mitsubishi Jukogyo K. K. A. 15. 12. 65, B. 5. 6. 68. A.-Z.: 76687/65.

JaP 11667/68. Herstellung von Wollfett. Inh.: Seisan Kaihatsu Kagaku Kenkyusho. A. 27. 12. 65, B. 16. 5. 68. Kl.: 19B.

GBP 1124903. Verfahren und Vorrichtung zur Änderung der Eigenschaften von Fäden aus schmelzbaren linearen Hochpolymeren. Inh.: VEB Chemiefaserkombinat Wilhelm-Pieck-Stadt Guben. A 26. 6. 67, B. 21. 8. 68. Kl.: B 5.B. Int. Kl.: D 01f 7/06. A.-Z.: 29378/67.

GBP 1126213. Seiden aus einem synthetischen Polyamid. Inh.: Imperial Chemical Industries Ltd. A. 14. 9. 65, B. 5. 9. 68. Kl.: B 5.B. Int. Kl.: D 01f 7/04. A.-Z.: 39122/65. Entspr. FrP 1492669.

GBP 1126803. Wärmestabilisierte Polyimidkompositionen. Inh.: Imperial Chemical Industries Ltd. A. 29. 9. 64, B. 11. 9. 68. Kl.: C 2.C. Int. Kl.: C 07d 55/12. A.-Z.: 39586/64. Entspr. FrP 1473888 u. USP 3379676.

DAS 1270217. Herstellen von Textilfäden durch Schmelzspinnen von Polyolefinen, die Stickstoffpolykondensate enthalten. Erf.: *Alberto Bonvicini*. Anm.: Montecatini Soc. Gen. per l'Industria Mineraria e Chimica, Mailand (It). A. 18. 12. 62, B. 12. 6. 68. Kl.: 29b, 3/65. A.-Z.: P 1270217. 9 – 43. Prior.: 21. 12. 61 (It; A.-Z.: 22811). Entspr. GBP 1006584.

SzP 461701. Verfahren zur Herstellung von gekräuseltem Garn aus endlosen Fäden und Vorrichtung zur Durchführung des Verfahrens. Erf.: *Joseph Donatien Leo Tessier*. Inh.: Chemical (1963) Ltd., 1155, Dorchester Boulevard West, Montreal, Quebec (Ca). A. 20. 7. 65. Kl.: 39b, 3/65. A.-Z.: 10177/65. Prior.: 24. 7. 64 (Ca; A.-Z.: 907998). Entspr. FrP 1442762, GBP 1070257 u. USP 3366722.

JaP 12626/68. Acryl-Hohlfaserstoffe. Inh.: Toyo Rayon Co., Ltd. A. 5. 9. 64, B. 28. 5. 68. A.-Z.: 50304/64.

USP 3395111. Verfahren zum Stabilisieren von Lösungen halogenierter Polymerer und die daraus erhaltenen Formartikel. Erf.: *Corrado Mazzolini* u. *Francesco Denti*. Inh.: Chatillon Soc. An. Italiana per le Fibre Tesslli Artificiali S. p. A., Mailand (It). A. 14. 1. 64, B. 30. 7. 68. Kl.: 260 – 32,8. 3 Anspr. A.-Z.: 337537. Prior.: 30. 1. 63 (It; A.-Z.: 1879/63). Entspr. FrP 1380317 u. GBP 1045985.

GBP 1126272. Baumwollfaserprodukte. Inh.: Atomic Energy of Canada Ltd. Commercial Products. A. 25. 2. 66, B. 5. 9. 68. Kl.: C 3.G. Int. Kl.: C 08f 25/00. A.-Z.: 8476/66. Prior.: 18. 5. 65 (Ca; A.-Z.: 930967).

JaP 12946/68. Pfropfpolymerisation von Cellulose- oder synthetischen Fasern. Inh.: Sakai Textile Ind. Co. A. 22. 9. 64, B. 31. 5. 68. A.-Z.: 53848/64.

USP 3395005. Verfahren und Vorrichtung zur Verarbeitung eines mittels Wärme erweichbaren Materials.Erf.: *John Stelmah*. Inh.: Johns-Manville Corp., New York, N. Y. A. 15. 12. 64, B. 30. 7. 68. Kl.: 65 – 5. 2 Anspr. A.-Z.: 418452.

Klasse 32a, 37/00. Herstellung von Fasern oder Fäden aus flüssigem Glas, flüssigen Mineralien oder flüssiger Schlacke

USP 3393986. Verfahren zur Herstellung von Mineralfaserstoffen. Erf. u. Inh.: *Miles S. Firnhaber*, Rte. 3, Pewaukee, Wis. 53072. A. 28. 5. 65, B. 23. 7. 68. Kl.: 65 – 15. 7 Anspr. A.-Z.: 459820.

DAS 1270748. Verfahren und Vorrichtung zur Herstellung eines Vorgarnes oder Faserbandes vorgarnartigen Charakters aus Glasstapelfasern. Erf.: nicht genannt. Anm.: Glaswerk Schuller GmbH, 6980 Wertheim, Faserweg. A. 16. 9. 65, B. 20. 6. 68. Kl.: 32a, 37/10. A.-Z.: P 1270748. 1 – 45 (G 44694). Entspr. DDP 58160,

Klasse 32b, 25/00. Oberflächenbehandlung von Fasern oder Fäden aus Glas, Mineralien oder Schlacke

GBP 1126120. Schlichte für Silikatfaserstoffe. Inh.: Dow Chemical Co. A. 11. 5. 66, B. 5. 9. 68. Kl.: C 3.F. Int. Kl.: C 08b 21/24. A.-Z.: 20957/66.

JaP 12632/68. Mineralfasern. Inh.: Nitto Boseki K. K. A. 26. 5. 64, B. 28. 5. 68. Kl.: 42E.

Klasse 39b. Verarbeitung von plastischen Massen, Kautschuk und hornartigen Stoffen, soweit nicht anderweitig vorgesehen (chemischer Teil), auch von Brems- und Schleifmassen sowie thermischen und akustischen Isoliermassen (teilweise)

GBP 1125831. Verfahren zum Verbinden von Kautschuk mit Textilien. Inh.: Stamicarbon N. V. A. 2. 5. 66, B. 5. 9. 68. Kl.: C 3.P. Int. Kl.: C 08f 37/18. A.-Z.: 19310/66. Prior.: 7. 5. 65 (Nd; A.-Z.: 6505801).

USP 3396065. Verfahren zum Verbinden von Textilmaterialien mit Kautschuk. Erf.: *Eric Alexander Ney*. Inh.: Dunlop Rubber Co. Ltd., London (GB). A. 28. 10. 64, B. 6. 8. 68. Kl.: 156 – 335. 19 Anspr. A.-Z.: 407211. Prior.: 13. 11. 63 (Au: A.-Z.: 37635/63). Entspr. GBP 1043440.

USP 3394020 Zus. z. Pat. m. A.-Z.: 362197. A. 23. 4. 64. Stabilisierung von organischen Materialien mit alkylierten Phenolen. Erf. u. Inh.: *Alan Bell* u. *Gerald Ray Lappin*, beide in P. O. Box 511, Kingsport, Tenn. 37662. A. 14. 9. 67, B. 23. 7. 68. Kl.: 106 – 270. 10 Anspr. A.-Z.: 667649. A.-Z.: 362197. Entspr. FrP 1439287.

DAS 1270274 Zus. z. Pat. 1154617. Stabilisierte Carbonamidgruppen aufweisende Formmassen. Erf.: *Walter Stilz, Horst Pommer, Hans Biczysko, Heinz Fessmann* u. *Franz Schmidt*. Anm.: Badische Anilin- & Soda-Fabrik AG, 6700 Ludwigshafen. A. 29. 8. 61, B. 12. 6. 68. Kl.: 39b, 22/04 (29b, 3/60, 22g, 10/01 u. 22h, 3). A.-Z.: P 1270274. 8 – 43 (B 63819). Entspr. SzP 409384, GBP 960472 u. USP 3163621.

SzP 461797. Verfahren zur Stabilisierung von Polyamiden. Erf.: *Gerardus Petrus Dikötter, Arnoldus Antonius Wilhelmus Schaapveld* u. *Pierre Joseph Franssen*. Inh.: Stamicarbon N. V., van der Maesenstraat 2, Heerlen (Nd). A. 1. 2. 66. Kl.: 39b, 22/04. A.-Z.: 1350/66. Prior.: 2. 2. 65. (ND; A.-Z.: 6501290). Entspr. FrP 1466777 u. GBP 1108451.

SzP 461798. Verfahren zur Stabilisierung von Polyamiden. Erf.: *Gerardus Petrus Dikötter, Arnoldus Antonius Wilhelmus Schaapveld* u. *Pierre Joseph Franssen*. Inh.: Stamicarbon N. V., van der Maesenstraat 2, Heerlen (Nd). A. 1. 2. 66. Kl.: 39b, 22/04. A.-Z.: 1354/66. Prior.: 4. 2. 65 (Nd; A.-Z.: 6501394). Entspr. FrP 1466965 u. GBP 1109928.

JaP 13389/68. Mattiertes Polyamid. Inh.: Nippon Rayon Co. Ltd. A. 9. 11. 64, B. 6. 6. 68. A.-Z.: 63257/64.

DAS 1270804. Stabilisieren und Weichmachen von chlorhaltigen Polymerisaten. Erf.: *Günter Frank, Richard Wegler* u. *Wilhelm Göbel*. Anm.: Farbenfabriken Bayer AG, 5090 Leverkusen. A. 17. 3. 62, B. 20. 6. 68. Kl.: 39b, 22/06. A.-Z.: P 1270804. 2 – 43 (F 36299). Entspr. SzP 428209, GBP 980856 u. USP 3247155.

FrP 1533230. Verbessertes Verfahren zur Dampfbehandlung von Elastopolymeren. Erf.: *G. DiDrusco* u. *P. Galli*. Inh.: Montecatini Edison S. p. A. A. 7. 2. 67, B. 3. 8. 68. Int. Kl.: C 08f. A.-Z.: 93967. Prior.: 9. 2. 66 (It; A.-Z.: 2874/66).

JaP 12126/68. Thiodipropionate. Inh.: Sakai Chem. Ind. Co. Ltd. A. 3. 3. 65, B. 22. 5. 68.

JaP 13379/68. Flammverzögerungsmittel. Inh.: Glass Co. Ltd. u. Sekisui Sponge Co. Ltd. A. 26. 5. 64, B. 6. 6. 68. A.-Z.: 29396/64.

USP 3395112. Nickelorganophosphite und Stabilisierung von Polyolefinharz damit. Erf.: *Otto S. Kauder*. Inh.: Argus Chemical Corp., Brooklyn, N. Y. A. 15. 9. 65, B. 30. 7. 68. Kl.: 260 – 45, 75. 15 Anspr. A.-Z.: 487614. Entspr. FrP 1499332.

USP 3395198. Ein Äthylenaminoalkylacrylatcopolymeres enthaltende Polyolefinkomposition. Erf.: *Isoji Taniguchi, Yoshiharu Tatsukami, Yoshio Kobayashi, Tomohide Yasumura* u. *Reizo Yamadera*. Inh.: Sumitomo

Chemical Co., Ltd. u. Toyo Spinning Co., Ltd., Osaka (Ja). A. 17. 2. 65, B. 30. 7. 68. Kl.: 260 – 897. 11 Anspr. A.-Z.: 433486. Prior.: 21. 2. 64 u. 28. 9. 64 (Ja; A.-Z.: 39/9696 u. 39/55594). Entspr. DAS 1247013 u. GBP 1047115. A.-Z.: 9696. Entspr. FrP 1442342 u. GBP 1029447.

DAS 1270284. Stabilisatoren für Polyoxymethylene. Erf.: *Ibrahim Dakli*, *Dario Grazioli* u. *Nino Oddo*. Anm.: Montecatini Soc. Gen. per l'Industria Mineraria e Chimica, Mailand (It). A. 10. 12. 62, B. 12. 6. 68. Kl.: 39b, 22/10. A.-Z.: P 1270284. 0 – 43. Prior.: 14. 12. 61 (It; A.-Z.: 22359). Entspr. SzP 426259, GBP 960554 u. USP 3298993.

JaP 12653/68. Polyacetal-Kompositionen. Inh.: Toyo Rayon Co., Ltd. A. 11. 7. 63, B. 29. 5. 68.

Klasse 39c. Herstellung von Kunstharzen

GBP 1124271. Verfahren zur Behandlung von Formartikeln. Inh.: Imperial Chemical Industries Ltd. A. 12. 1. 65, B. 21. 8. 68. Kl.: C3.R. Int. Kl.: C 08g 19/00. A.-Z.: 1395/65.

JaP 13073/68. Copolyamide. Inh.: Asahi Chem. Ind. Co. Ltd. A. 29. 10. 64, B. 3. 6. 68. A.-Z.: 61096/64.

JaP 12834/68. Polyamide. Inh.: Kanegafuchi Spinning Co. Ltd. A. 17. 7. 63, B. 30. 5. 68. A.-Z.: 38783/63.

USP 3384681. Aus Polyalkylenglykolen mit Amin-Endgruppen und Polyamiden oder Polyharnstoffen hergestellte Blockcopolymere. Erf.: *Hidehiko Kobayashi*, *Kiichiro Sasaguri* u. *Yoshihisa Fujimoto*. Inh.: Asahi Kasei Kogyo Kabushiki Kaisha, Osaka (Ja). A. 30. 11. 65, B. 21. 5. 68. Kl.: 260 – 857. 12 Anspr. A.-Z.: 510701. Prior.: 2. 12. 64 u. 18. 6. 65 (Ja; A.-Z.: 39/67611 u. 40/36012). Entspr. FrP 1459484.

FrP 1528350. Verfahren zur Polymerisation von β-Lactonen. Inh.: Shell Internationale Research Maatschappij N. V. A. 21. 6. 67, B. 7. 6. 68. Int. Kl.: C 08g 17/00. A.-Z.: 111278. Prior.: 23. 6. 66 (Nd; A.-Z.: 6608708).

GBP 1126152. Verfahren zur Polymerisation von Lactonen. Inh.: Shell Internationale Research Maatschappij N. V. A. 8. 5. 67, B. 5. 9. 68. Kl.: C3.R. Int. Kl.: C 08g 17/02. A.-Z.: 21281/67. Prior.: 9. 5. 66 (Nd; A.-Z.: 6606273). Entspr. FrP 1522023.

JaP 13237/68. Katalysatoren. Inh.: Nippon Soda Co. Ltd. A. 18. 1. 65, B. 4. 6. 68. A.-Z.: 2247/65.

JaP 14235/68. Herstellung von Polyestern. Inh.: Toyo Rayon Co. Ltd. A. 10. 3. 65, B. 15. 6. 68. A.-Z.: 13935/65.

GBP 1123483. Organische Zinkverbindungen. Inh.: International Lead Zinc Research Organization Inc. A. 13. 1. 66, B. 14. 8. 68. Kl.: C2.J. Int. Kl.: C 07f 3/06. A.-Z.: 1668/66. Prior.: 14. 1. 65 (Nd; A.-Z.: 6500454).

GBP 1125156. Polyoxymethylencopolymere. Inh.: Montecatini Soc. Gen. per l'Industria Mineraria e Chimica. A. 8. 11. 65, B. 28. 8. 68. Kl.: C3.P. Int. Kl.: C 08g 13/00. A.-Z.: 47289/65. Prior.: 12. 11. 64 (It; A.-Z.: 24228). Entspr. FrP 1456130.

DDP 63642. Regelung des Molekulargewichtes von Mischpolymerisaten aus Äthylen, α-Olefinen und einem nichtkonjugierten Dien. Erf. u. Inh.: *Elisabeth Anton*, Merseburg, *Wolfgang Cleve*, Schkopau, *Ekhard Rossek*, Merseburg, *Otto Urban*, Schkopau. A. 25. 7. 67, B. 5. 9. 68. Kl.: 39c, 25/01. A.-Z.: WP 39c/126195.

DDP 63646. Verfahren zur Tieftemperaturpolymerisation von Vinylchlorid allein oder mit kleinen Mengen anderer äthylenisch ungesättigter Verbindungen. Erf.: *Sergio Lo. Monaco*, *Alberto Morett*, *Luigi Patron* Inh.: A. C. S. A.-Applicazioni Chimiche S. p. A., Mailand (It). A. 9. 8. 67, B. 5. 9. 68. Kl.: 39c, 25/01. A.-Z.: AP 39c/126491. Prior.: 10. 8. 66 (It; A.-Z.: 21278).

DAS 1263301. Verfahren zur Homo- und Copolymerisation von Monovinylmonomeren. Erf.: *Heinrich Hopff*. Anm.: Deutsche Gold- und Silber-Scheideanstalt vorm. Roessler, 6000 Frankfurt, Weißfrauenstr. 9. A. 14. 11. 63, B. 14. 3. 68. Kl.: 39c, 25/01. A.-Z.: D 42933 IVd/39c. Entspr. SzP 448533, FrP 1416620, GBP 1018109 u. USP 3354134.

FrP 1527740. Neues Verfahren zur Polymerisation von Olefinen. Erf.: *Y. Chauvin* u. *G. Lefebvre*. Inh.: Institut Francais du Petrole des Carburants et Lubrifiants. A. 14. 9. 66, B. 7. 6. 68. Int. Kl.: C 08f. A.-Z.: 76410.

FrP 1535788. Neue Hydrierungsprodukte sowie Verfahren zu deren Herstellung. Inh.: Shell Internationale Research Maatschappij N. V. A. 18. 7. 67, B. 21. 8. 68. Int. Kl.: C 08d u. C 08f. A.-Z.: 114601. Prior.: 20. 7. 66 (Nd; A.-Z.: 66/10184).

GBP 1126188. Modifizierung und Kontrolle der Äthylencopolymerisation. Inh.: International Synthetic Rubber Co. Ltd. A. 2. 9. 66, B. 5. 9. 68. Kl.: C3.P. Int. Kl.: C 08f 1/56. A.-Z.: 39374/66. Entspr. FrP 1535351.

JaP 11473/68. Copolymerisation von Äthylen. Inh.: Sumitomo Chem. Ind. Co., Ltd. u. Toyo Spinning Co. A. 17. 9. 64, B. 14. 5. 68. A.-Z.: 53215/64.

JaP 12825/68. Copolymerisation von Vinylketonen. Inh.: Bridgestone Tire & Co. Ltd. A. 4. 4. 63, B. 30. 5. 68. A.-Z.: 17071/63.

JaP 14474/68. Äthylenpolymerisationskatalysator. Inh.: Nippon Oil Co. Ltd. A. 21. 4. 65, B. 19. 6. 68. A.-Z.: 23182/65.

JaP 14476/68. α-Olefinpolymerisationskatalysator. Inh.: Toyo Rayon Co. Ltd. A. 31. 3. 65, B. 19. 6. 68. A.-Z.: 31703/65.

USP 3395133 Zus. z. Pat. m. A.-Z.: 249342. A. 4. 1. 63. Polymerisation von Acrylnitril in Gegenwart eines Ionenaustauschharzes, das $-SO_3H$-Gruppen enthält. Erf.: *Gaetano F. D-Alelio*. Inh.: Walter J. Monacelli, Cleveland, Ohio. A. 8. 8. 66, B. 30. 7. 68. Kl.: 260 – 88,7. 10 Anspr. A.-Z.: 570744.

USP 3397196 Zus. z. Pat. m. A.-Z.: 473523. A. 20. 7. 65. Dreikomponenten-Katalysator für die Olefinpolymerisation, der ein polymeres Methylhalogenid/Metall-Reaktionsprodukt und eine Titanverbindung enthält. Erf.: *Newton H. Shearer, jr.* u. *Harry W. Coover jr.* Inh.: Eastman Kodak Co., Rochester, N. Y. A. 20. 3. 67, B. 13. 8. 68. Kl.: 260 – 93,7. 13 Anspr. A.-Z.: 624626.

FrP 1535460 (Aj.). Plastomerderivate von Dimethano-octahydro-naphthalin sowie deren Herstellungsverfahren. Inh.: Charbonnages de France. A. 12. 1. 67, B. 21. 8. 68. Int. Kl.: C 08f. A.-Z.: 90915.

FrP 1536773. Herstellung von kristallinen Polymeren aus Aralkylhalogeniden. Inh.: Esso Research and Engineering Co. A. 13. 9. 67, B. 27. 8. 68. Int. Kl.: C 08g 33/00. A.-Z.: 120916.

GBP 1124200. Schwefelhaltige Polymere. Inh.: Inventa AG für Forschung und Patentverwertung Zürich (Sz). A. 28. 3. 67, B. 21. 8. 68. Kl.: C3.R. Int. Kl.: C 08g 23/00. A.-Z.: 14146/67. Prior.: 28. 3. 66 (Sz; A.-Z.: 4421).

JaP 12598/68. Polymerisation von Alkylenoxiden. Inh.: Shin-Etsu Chem. Ind. Co., Ltd. A. 2. 5. 62, B. 28. 5. 68. A.-Z.: 18273/62.

JaP 13055/68. Katalysator. Inh.: Agency of Ind. Science and Technology. A. 23. 3. 63, B. 3. 6. 68. A.-Z.: 30476/64.

USP 3397155 Zus. z. Pat. m. A.-Z.: 164391 u. 225378. A. 4. 1. 62 u. 21. 9. 62. Polymerisation von Monoepoxiden unter Verwendung von Phosphatkatalysatoren mit großer Oberfläche. Erf.: *Paul A. Naro* u. *Robert D. Offenhauer*. Inh.: Mobil Oil Corp. A. 26. 8. 65, B. 13. 8. 68. Kl.: 260 – 2. 12 Anspr. A.-Z.: 482930.

Klasse 42k, 50. Textilprüfung. Verfahren, Vorrichtungen und Maschinen zum Prüfen von Fasern, Fäden, Garnen, Geweben auf ihre mechanischen und Festigkeitseigenschaften, auf Spannungen, mechanische Unregelmäßigkeiten, Drall (Drehung), Porosität

PoP 56180. Gerät zur Bestimmung des Bauschigkeitsindex und der Feinheit von Garnen. Erf.: *Leon Malinowski* u. *Artur Rózycki*. Inh.: Instytut Włókiennictwa, Łódź (Po). A. 7. 12. 68. Kl.: 42k, 50.

USP 3394587. Spannungsanzeiger für eine endlose Bahn. Erf.: *John Thomas Freeman*. Inh.: E. I. du Pont de Nemours and Co., Wilmington, Del. A. 9. 3. 66, B. 30. 7. 68. Kl.: 73 – 143. 6 Anspr. A.-Z.: 532913.

USP 3395200. Spannungskontrolle an laufenden thermoplastischen Fäden. Erf.: *George E. Mader jr.* u. *Thomas J. Huddleston*. Inh.: Phililps Petroleum Co. A. 14. 12. 64, B. 30. 7. 68. Kl.: 264 – 40. 4 Anspr. A.-Z.: 417981.

Klasse 55b. Verfahren zur Herstellung von Zellstoff, Zellstoffkocher, Wiedergewinnung der Ablauge und Abgase

JaP 14163/68. Modifizierte Sulfitablauge. Inh.: Sanyo Pulp Co., Ltd. A. 15. 11. 66, B. 15. 6. 68. Kl.: 39A. A.-Z.: 74822/66.

JaP 13321/68. Sulfitablauge. Inh.: Mitsubishi Heavy Industries. A. 24. 3. 66, B. 5. 6. 68. Kl.: 39A. A.-Z.: 18082/66.

JaP 14162/68. Behandlung von Sulfitzellstoff-Ablauge. Inh.: Mitsubishi Heavy Ind. Ltd. A. 23. 8. 66, B. 15. 6. 68. Kl.: 39A. A.-Z.: 55380/66.

JaP 11803/68. Behandlung von Zellstoffablauge. Inh.: Kisha Seizo Kaisha, Ltd. A. 30. 8. 66, B. 18. 5. 68. Kl.: 39A.

USP 3396076. Verfahren zur Rückgewinnung wertvoller Chemikalien bei einem Aufschlußverfahren für Cellulosematerial. Erf.: *Hartzell L. Crosby* u. *John R. Parkinson*. Inh.: Parkinson, Crosby & Works, Inc., Seattle, Wash. A. 10. 12. 64, B. 6. 8. 68. Kl.: 162 – 33. 3 Anspr. A.-Z.: 417274.

USP 3397109 Zus. z. Pat. m. A.-Z.: 261213. A. 26. 2. 63. Alkalische Vorbehandlung beim Sulfatverfahren zur Vermeidung von üblen Gerüchen. Erf.: *Erik Oman Stocksund*. Inh.: Skogsagarnas Industri AB, Vaxjo (Sv). A. 23. 5. 67, B. 13. 8. 68. Kl.: 162 – 37. 8 Anspr. A.-Z.: 640501.

Literaturschau

Auszug aus Lieferung 1 und 2/1969 der Referatekartei „Faserstoffe und Textiltechnik", zusammengestellt von der Abteilung Wissenschaftliches Berichtswesen des Instituts für Faserstoff-Forschung der DAW, 153 Teltow- Seehof, Kantstr. 55

I. Wissenschaftliche Grundlagen

Allgemeines

(Untersuchungsmethoden u. a.)

Potebnja, Ju. M., Richter, R. G., Anosov, V. G.: Hochtemperatur-Torsionsviskosimeter mit automatischer Registrierung der Meßwerte. Zavodsk. Labor., Moskva (Betriebslabor) **34** (1968) 10, S. 1267 – 1268.

Semjonow, V.: Schmelzviskositäten hochpolymerer Stoffe. Advances Polymer Sci./Fortschritte Hochpolymeren-Forsch. **5** (1968) 3, S. 387 – 450.

Chaczaturow, A.: Neuzeitliche Anwendungsrichtungen der KMR-Spektroskopie von Polymeren. Teil I. Polimery, Warszawa **13** (1968) 9, S. 381 bis 386.

Physik und Chemie der Hochpolymeren

Liu, K.-J.: Spezifische Gegenioneneinflüsse auf das Viskositätsverhalten von protoniertem Polyäthylenimin. Macromolecules, Washington **1** (1968) 5, S. 390 – 393.

Vinogradov, G. V., Malkin, A. Ja., Kuličichin, V. G.: Viskositätseigenschaften von stereoregulären Polybutadienen. Vysokomol. Soed. (Hochmol. Verbind.) **10** A (1968) 11, S. 2522 – 2530.

Andrianova, G. P., Kargin, V. A.: Einfluß geringer Zusätze an niedermolekularen plastifizierenden Substanzen auf die Schmelzviskosität von Polypropylen. Dokl. Akad. Nauk SSSR (Ber. Akad. Wiss. UdSSR) **183** (1968) 3, S. 587 – 590.

Ford, R. W., Ilavsky, J. D.: Verteilung der relativen Molekülmasse und Quellungseigenschaften einiger Niederdruckpolyäthylene. J. appl. Polymer Sci. **12** (1968) 10, S. 2299 – 2304.

Duerksen, J. H., Hamielec, A. E.: Polymerreaktoren und Verteilung der relativen Molekülmasse. VII. Weiterentwicklung der Gelchromatographie. J. appl. Polymer Sci. **12** (1968) 10, S. 2225 – 2255.

Kamide, K., Ogawa, T., Sanada, M., Matsumoto, M.: Simulierung einer sukzessiven Fällungsfraktionierung von Makromolekülen durch eine elektronische Rechenmaschine. I. Verteilung der relativen Molekülmasse von Fraktionen und analytische Auswertung der Fraktionsergebnisse. Kobunshi Kagaku, Tokyo (Chem. High Polymers) **25** (1968) 279, S. 440 bis 454 (jap.; engl. Zusammenfass.).

Cantow, H. J., Probst, J., Stojanov, Ch.: Zur Ermittlung der Molekulargewichts-Verteilung und der Verteilung der chemischen Zusammensetzung bei Styrol/Butadienkautschuken. Kautschuk, Gummi, Kunststoffe **21** (1968) 11, S. 609 – 615.

Molyneux, P.: Bestimmung der Massemittel und -verteilungen der relativen Molekülmasse von Polymeren an weniger als ein Milligramm aus turbidimetrischer Messung beim Fällen des Polymeren aus stark verdünnter Lösung während des Abkühlens. Teil II. Experimentelles. Kolloid-Z./Z. Polymere **226** (1968) 1, S. 15–29 (engl.).

Pippel, W., Müller, K., Runge, K.: Zur Auswertung von Verweilzeitspektren mit Hilfe des Digitalrechners ZRA-1. Chem. Technik **20** (1968) 10, S. 614–616; 11, S. 667–668.

Momii, R. K., Urry, D. W.: UV-Absorptionsspektren von Polypeptidfilmen. Macromolecules, Washington **1** (1968) 4, S. 372–373.

Kvasnikov, Ju. P., Filippyčev, G. F.: Anwendung der KMR- und IR-Spektroskopie für das Studium von thermoreaktiven wasserlöslichen Acrylcopolymeren. Ž. prikl. Chimii (Z. angew. Chemie) **41** (1968) 10, S. 2311 bis 2313.

Liu, K.-J.: KMR-Studium von Polymerlösungen. V. Gemeinsam wirksame Effekte bei der Ion-Dipol-Wechselwirkung zwischen Kaliumjodid und Polyäthylenoxid. Macromolecules, Washington **1** (1968) 4, S. 308–311.

Calistru, E., Vlad, I., Ciorică, S.: Untersuchungen auf dem Gebiet der Regeneratcellulosefaserstoffe|vom Viskosetyp. II. Strukturuntersuchungen durch mikroskopische Beobachtung und Betrachtungen über die physikalisch-mechanischen Kennwerte. Celuloză și Hîrtie, București (Cellulose u. Papier) **17** (1968) 10, S. 412–424.

Jayme, G., Bergh, N.-O.: Über die Vermeidung von Polymerisationsartefakten bei der Methacrylateinbettung für Dünnschnitt-Elektronenmikroskppie. Holz, Roh- u. Werkstoff **26** (1968) 11, S. 427–429.

Makaru, L., Bojarski, J., Pieniązek, J.: Elektronenmikroskopische Untersuchung der Kristallisation von mit Acetondämpfen behandelten Polycarbonatfilmen. Polimery, Warszawa **13** (1968) 8, S. 341–345.

Jordan, E. F., jr.: Durch Lichtstreuung bestimmte Heterogenitätparameter von statistischen Copolymeren mit lange Seitenketten bildenden Comonomeren. J. Polymer Sci., A-1: Polymer Chem. **6** (1968) 8, S. 2209–2219.

Tosi, C.: Sequenzverteilung in Copolymeren: Zahlentabellen. Advances Polymer Sci./Fortschritte Hochpolymeren-Forsch. **5** (1968) 4, S. 451 bis 462 (engl.).

Dondros, A., Benoit, H.: Ungestörte Abmessungen von Polymeren in binären Lösungsmittel-Gemischen. European Polymer J. **4** (1968) 5, S. 561 bis 570.

Hartler, N., Nyrén, J.: Gestörte Zonen in Cellulosefasern. Teil 3. Ihr Einfluß auf die Fasersteifheit. Svensk Papperstidn. **71** (1968) 21, S. 788–789 (engl.).

Fischer, E. W., Goddar, H., Schmidt, G. F.: Über Zusammenhänge zwischen der Röntgenkleinwinkelstreuung und der morphologischen Struktur verstreckter Hochpolymerer. Kolloid-Z./Z. Polymere **226** (1968) 1, S. 30–40.

Koršak, V. V., Berestneva, G. L., Krongauz, E. S., Rusanov, A. L.: Untersuchung der Struktur und der Eigenschaften von Poly-1,3,4-oxadiazolen. Vysokomol. Soed. (Hochmol. Verbind.) **10** B (1968) 8, S. 578–581.

Matsuo, M., Ueno, T., Horino, H., Chujyo, S., Asai, H.: Feinstrukturen und physikalische Eigenschaften von Styrol/Butadien-Blockcopolymeren. Polymer, London **9** (1968) 8, S. 425–436.

Gerasimov, V. I., Kabalinskij, I. N., Toropceva, G. N., Crankin, D. Ja.: Röntgenographisches Studium der Struktur von Polyäthylen-Gemischen. Vysokomol. Soed. (Hochmol. Verbind.) **10** A (1968) 11, S. 2465 bis 2470.

Takahashi, Y., Tadokoro, H., Chatani, Y.: Struktur von Polyäthylensulfid. J. macromol. Sci., B: Physics **2** (1968) 2, S. 361–367.

Mallon, B. J.: Abbau von Penton durch Röntgenstrahlung und seine potentielle Anwendung als Dosimeter im 4–15 keV-Bereich. J. Polymer Sci., A–1: Polymer Chem. **6** (1968) 9, S. 2637–2652.

Iwayanagi, S., Sakurai, I., Sakurai, T., Seto, T.: Röntgenstrukturanalyse von trans-1,4-Polybutadien. J. macromol. Sci., B: Physics **2** (1968) 2, S. 163–177.

Vlasov, A. V., Malachova, L. I., Mil'kova, L. P., Michajlov, N. V., Cetlin, B. L., Šablygin, M. V.: Effekt der Aufrechterhaltung von orientierten Polymerstrukturen beim Schmelzen der inneren Schicht von Zweischicht-Filmen bzw. Kern/Mantel-Fäden. Dokl. Akad. Nauk SSSR (Ber. Akad. Wiss. UdSSR) **183** (1968) 3, S. 618–620.

Lebedev, V. P.: Texturen in feinen Polyvinylchloridfilmen. II. Hochmolekulares Polyvinylchlorid von geringer Stereoregularität (technisches Polyvinylchlorid). Ž. strukt. Chimii (Z. Strukturchemie) **9** (1968) 5, S. 854–857.

Bloomfield, V. A., Sharp, P. A.: Veränderlichkeit des Parameters der Viskositätszahlbeziehung mit Kettenkonformation, hydrodynamischer Wechselwirkung und ausgeschlossenem Volumen. Macromolecules, Washington **1** (1968) 5, S. 380 bis 384.

Hirabayashi, K., Ishikawa, H., Kakudo, M., Go, Y.: Molekülkonformationen des Seidenfibroins in der Seidendrüse. Sen-i Gakkaishi (J. Soc. Fiber Sci. Technol. Japan) **24** (1968) 8, S. 392–396 (jap.; engl. Zusammenfass.).

Otocka, E. P., Kwei, T. K.: Eigenschaften von Äthylen/Metallacrylat-Copolymeren. Macromolecules, Washington **1** (1968) 5, S. 401–405.

Funatsu, K., Mori, Y.: Über das viskoelastische Fließen von Polymerschmelzen. Kobunshi Kagaku, Tokyo (Chem. High Polymers) **25** (1968) 279, S. 391–399 (jap.; engl. Zusammenfass.).

Chompff, A. J., Prins, W.: Viskoelastizität von Netzwerken, vernetzter und verschlungener Makromoleküle. II. Verifizierung der Theorie für Verschlingungs-Netzwerke. J. chem. Physics **48** (1968) 1, S. 235–243.

Chu, H.-D., Kitamaru, R., Tsuji, W.: Dynamisch-viskoelastische Eigenschaften von isotherm kristallisierten Polypropylenfraktionen. Kobunshi Kagaku, Tokyo (Chem. High Polymers) **25** (1968) 279, S. 467–476 (jap.; engl. Zusammenfass.).

Zelener, Ju. V., Abramova, V. I., Grossman, O. I., Elektrova, L. M.: Verfahren zur Umrechnung der Temperatur-Frequenz-Abhängigkeiten der dynamisch mechanischen Eigenschaften von polymeren Materialien. Vysokomol. Soed. (Hochmol. Verbind.) **10** A (1968) 10, S. 2407–2412.

Patrikeev, G. A.: Gerüst-Bindevermögen und qualitative Beziehungen der makromolekularen Mechanik. Dokl. Akad. Nauk SSSR (Ber. Akad. Wiss. UdSSR) **183** (1968) 3, S. 636–639.

Ziifle, H. M., Menerito, R. R., Gonzales, E. J., Berni, R. J.: Reaktionskinetik von Äthylenharnstoffabkömmlingen mit Baumwoll-Cellulose, Teil III: Die Cellulose-Dimethyldihydroxyäthylenharnstoff-Reaktion. Textile Res. J. **38** (1968) 9, S. 925–930.

Fujii, K., Brownstein, S., Eastham, A. M.: Reaktionen von Trifluoressigsäure mit Polyvinylalkohol und dessen Modellverbindungen. Einfluß der benachbarten Hydroxylgruppen auf die Reaktion. J. Polymer Sci., A–1: Polymer Chem. **6** (1968) 8, S. 2377–2386.

Tepljakov, N. ., Kulikova, A. E., Zil'berman, E. N.: Stabilisierung von Polyvinylchlorid durch Harnstoff in Gegenwart von Soda. Plast. Massy, Moskva (Plast. Massen) (1968) 10, S. 12–13.

Kodolov, V. I., Sapogova, L. A., Butina, I. V., Skobeleva, V. D., Semerneva, G. A., Spasskij, S. S.: Zur Frage des Umsetzungsmechanismus von Diäthylalkylphosphonaten mit hydroxylgruppenhaltigen Polyestern. Vysokomol. Soed. (Hochmol. Verbind.) **10** A (1968) 11, S. 2541–2549.

Katsuura, K., Yamane, T.: Phosphorylierung von Polyvinylalkohol mit Harnstoff, Phosphorsäure und Dimethylformamid. Sen-i Gakkaishi (J. Soc. Fiber Sci. Technol. Japan) **24** (1968) 8, S. 378–385 (jap., engl. Zusammenfass.).

Čučin, A. E., Lazarev, V. A., Fromberg, M. B.: Spaltung von Polyphenylenäthyl-Hydroperoxid in Gegenwart öllöslicher Aktivatoren. Vysokomol. Soed. (Hochmol. Verbind.) **10** A (1968) 11, S. 2555–2564.

Smirnov, G. A., Ochrimenko, I. S., Mašljakovskij, L. N.: Umsetzung von Polyvinylalkohol mit aliphatischen Dicarbonsäuren in Gegenwart von Schwefelsäure. Z. prikl. Chimii (Z. angew. Chemie) **41** (1968) 10, S. 2304 bis 2306.

Kolesnikov, G. S., Fedotova, O. Ja., Chusejn, Chamid Mochammed Ali al'-Sufi: Polyamidosäuren und Polyimide auf der Basis von 3,4,3',4'-Triphenyldioxidtetracarbonsäureanhydrid und 4,4'-Diaminophenyloxid. Vysokomol. Soed. (Hochmol. Verbind.) **10** B (1968) 10, S. 742–745.

Kantouch, A., Rusznák, I., Khalil, M. I.: Die chemischen Eigenschaften der mit Persulfat oxydierten Oxycellulose. Kolor. Ertesitö, Budapest (Kolor. Rdsch.) **10** (1968) 7/8, S. 208–215 (engl.).

Micheel, F., Buller, M.: Kondensation von D-Glucose mit Fumarsäure und fumarsäurehaltigem Polyester. Chem. Ber. **101** (1968) 11, S. 3729–3733.

Manecke, G., Lamer, W.: Zur Racemattrennung an optisch aktiven Polymeren. IV. Naturwiss. **55** (1968) 10, S. 491–492.

Berényi, M., Liptay, G.: Über die Rolle des Probenbehälter-Materials bei thermoanalytischen Untersuchungen. Acta chim. Acad. Sci. hung. **58** (1968) 1, S. 23–30 (dt.).

Koršak, V. V., Vinogradova, S. V.: Abhängigkeit der thermischen Beständigdigkeit von Polymeren von ihrer chemischen Struktur. Usp. Chimii (Fortschr. d. Chemie) **37** (1968) 11, S. 2024–2069.

Crescenzi, V.: Einige neue Studien über die Lösungen von Polyelektrolyten. Advances Polymer Sci./Fortschritte Hochpolymeren-Forsch. **5** (1968) 3, S. 358–386.

Sanditov, D. S., Razumovskaja, I. V., Bartenev, G. M.: Zur Theorie molekular-kinetischer Vorgänge im Einfrierbereich von Polymeren. Vysokomol. Soed. (Hochmol. Verbind.) **10** B (1968) 10, S. 745–750.

Kočervinskij, V. V., Roščupkin, V. P., Golubkov, G. E., Talykov, V. A., Korolev, G. V.: Dielektrische Relaxation in kristallinen Polymeren mit Heterokette. Vysokomol. Soed. (Hochmol. Verbind.) **10** A (1968) 10, S. 2341–2346.

Safonova, V. V., Klenkova, N. I.: Unter Einwirkung von Ultraschall in einer Lösung von Nitrocellulose in Butylacetat stattfindende Veränderungen. Ž. prikl. Chimii (Z. angew. Chemie) **41** (1968) 10, S. 2319–2323.

Fedorov, Ju. I., Voskobojnik, G. A., Rjakov, A. V., Lebedev, V. P.: Photochemische Umwandlungen von Estern aus Polyvinylalkohol und Zimtsäure. Vysokomol. Soed. (Hochmol. Verbind.) **10** B (1968) 8, S. 611–615.

Gol'denberg, V. I., Sljapintoch, V. Ja., Postnikov, L. M., Suchanov, G. A.: Über Wirkungsmechanismus von Lichtstabilisatoren für Polymere bei der photosensibilisierten Oxydation von Kohlenwasserstoffen. Mitt. 2. Effektivität von Lichtstabilisatoren. Izv. Akad. Nauk SSSR, Serija chim. (Nachr. Akad. Wiss. USSSR, Chemie) (1968) 10, S. 2232–2236.

Mellet, P.: Der Einfluß von Alkali-Behandlungen auf natürliche und denaturierte Proteine. Textile Res. J. **38** (1968) 10, S. 977–983.

Eifert, W.: Die Aussagekraft von Polyformaldehydfraktionierungen. Plaste u. Kautschuk **15** (1968) 12, S. 889–893.

Go, Y., Kondo, Y., Yamabe, E., Okamura, T.: Untersuchungen zur mechanischen Denaturierung von Hochpolymerlösungen. VIII. Mechanische Denaturierung von Poly-L-glutaminsäure in wäßrigen Lösungen von Dioxan und NaCl. Kobunshi Kagaku, Tokyo (Chem. High Polymers) **25** (1968) 280, S. 548–551 (jap.; engl. Zusammenfass.).

Ant-Wuorinen, O., Visapää, A.: Titrationuntersuchungen an Cellulose. Teil II. Das Basenbindungsvermögen von oxydierter Cellulose bei verschiedenen pH-Werten. Paperi ja Puu, Helsinki (Papier u. Holz) **50** (1968) 11, S. 677–685 (engl.).

Williams, T., Ward, I. M.: Aufstellung einer Polyäthylen-Eichkurve für die Gelchromatographie unter Verwendung von Polystyrolfraktionen. J. Polymer Sci., B: Polymer Letters **6** (1968) 9, S. 621–624.

Rožanovskaja, G. A., Zasova, V. A.: Gaschromatographische Bestimmung von freiem Diphenyloxid in Harzen. Plast. Massy, Moskva (Plast. Massen) (1968) 10, S. 56–57.

Isihara, A.: Nichtumkehrbare Vorgänge in Lösungen von gradkettigen Polymeren. Advances Polymer Sci./Fortschritte Hochpolymeren-Forsch. **5** (1968) 4, S. 531–567 (engl.).

Physik und Chemie der Monomeren und Oligomeren

Kulikova, A. E., Zil'berman, E. N., Tajkova, N. K., Pinčuk, N. M.: Umwandlungen von Vinylidenchlorid in Gegenwart von Aluminiumchlorid. Ž. organ. Chimii (Z. organ. Chemie) **4** (1968) 11, S. 1899–1904.

Tajkova, N. K. Kulikova, A. E., Zil'berman, E. N.: Untersuchung der thermischen Beständigkeit von Chloräthanen in Gegenwart von Aluminiumchlorid. Z. organ. Chimii (Z. organ. Chemie) **4** (1968) 11, S. 1880 bis 1883.

Farrar, W. V.: Formaldehyd: Die „Hundertjahrfeier" eines einfachen Moleküls. Chem. in Britain **4** (1968) 11, S. 500–502.

Salovey, R., Hellman, M. Y.: Strahlungsinduzierte Vernetzung von Paraffinen. Macromolecules, Washington **1** (1968) 5, S. 456–459.

Kočetkov, N. K., Kudrjašov, L. I., Jarovaja, S. M., Borcova, E. I., Čizov, C. S.: Radiationschemie von Kohlenhydraten. IX. Bildung von Desoxyzuckern bei der Radiolyse wäßriger Cellobiose- und Lactoselösungen. Ž. obščej Chimii (Z. allgem. Chemie) **38** (1968) 11, S. 2372–2379.

Polymerisation

Fischer, H.: Freie Radikale während der Polymerisation, nachgewiesen und identifiziert durch Elektronenspinresonanz. Advances Polymer Sci./Fortschritte Hochpolymeren-Forsch. **5** (1968) 4, S. 463–530.

Lorkowski, H.-J.: Polymersynthesen an Matrizen. Teil I. Wiss. u. Fortschr. **18** (1968) 12, S. 548–552.

Erusalimskij, B. L., Krasnosel'skaja, I. G., Kulevskaja, I. V.: Magnesiumorganische Verbindungen und Komplexverbindungen auf ihrer Basis als Polymerisationsinitiatoren. Usp. Chimii (Fortschr. d. Chemie) **37** (1968) 11, S. 2003–2023.

Lovering, E. G., Wright, W. B.: Nachweis verschiedener Arten aktiver Zentren bei Ziegler/Natta-Katalysatoren. J. Polymer Sci., A–1: Polymer Chem. **6** (1968) 8, S. 2221–2235.

Stille, J. K., Bedford, M. A.: Polymere durch 1,3-Dipol-Additionsreaktionen: Der Sydnon-Dipol. J. Polymer Sci., A–1: Polymer Chem **6**. (1968) 8, S. 2331–2342.

Kremer, E. B., Petuchov, B. V.: Über das optimale Verhältnis der Ausgangskomponenten bei der Synthese von Polycarbonaten in der Schmelze. Ž. prikl. Chimii (Z. angew. Chemie) **41** (1968) 10, S. 2347–2348.

Kagiya, T., Izu, M., Matsuda, T., Matsuda, M., Fukui, K.: Synthese von geordneten Copolyamiden durch Grenzflächenpolykondensation des Hydrolysats von Bisimidazolin mit Disäurechlorid. J. Polymer Sci., A–1: Polymer Chem. **6** (1968) 8, S. 2059–2067.

Asahara, T., Ikeda, K., Yoda, N: Salzeffekt bei der basisch-katalysierten Polymerisation von ungesättigten Amidverbindungen. III. Natur des Polymerisationssystems. J. Polymer Sci., A–1: Polymer Chem. **6** (1968) 9, S. 2489–2499.

Nosov, E. F., Markevič, A. M.: Polymerisation von Tetrafluoräthylen in Gegenwart von Paraffinkohlenwasserstoffen. Vysokomol. Soed. (Hochmol. Verbind.) **10** A (1968) 11, S. 2518–2521.

Donnet, J. B., Wetzel, J. P., Riess, G.: Niederdruckpolymerisation von Äthylen in Gegenwart von Ruß. J. Polymer Sci., A–1: Polymer Chem. **6** (1968) 8, S. 2359–2375 (franz.).

Guttman, J. Y., Guillet, J. E.: Polymerisation von Propylen an Einkristallen des α-Titanchlorids. Macromolecules, Washington **1** (1968) 5, S. 461 bis 463.

Viswanathan, S., Sabtappa, M.: Beendigung der Vinylpolymerisation durch Cr^{6+}. J. Polymer Sci., B: Polymer Letters **6** (1968) 9, S. 629–633.

Dietrich, H. J.: Polymerisation von 2-(Chlormethyl)-4-methylen-1,3-dioxolanen. J. Polymer Sci., A–1: Polymer Chem. **6** (1968) 8, S. 2255–2264.

Chiklis, C. K., Haas, H. C.: Polymerisation von 2,2,2-Trifluoräthylvinyläther. J. Polymer Sci., A–1: Polymer Chem. **6** (1968) 9, S. 2573–2584.

Morozova, E. M., Eliseeva, V. I., Koršunov, M. A.: Besonderheiten der Polymerisationskinetik einiger Acrylmonomerer in dünner Schicht in Gegenwart von Luftsauerstoff. Vysokomol. Soed. (Hochmol. Verbind.) **10** A (1968) 10, S. 2354–2358.

Frejdlina, R. Ch., Kopylova, B. V., Jaškina, L. V.: Telomerisation von Acrylnitril mit Aryldiazoniumchloriden. Dokl. Akad. Nauk SSSR (Ber. Akad. Wiss. UdSSR) **183** (1968) 5, S. 1113–1116.

Shu, So-sei, Tabata, Y., Oshima, K.: Strahlungsinduzierte Polymerisation von Acrylnitril im festen Zustand unter hohem Druck. Kobunshi Kagaku, Tokyo (Chem. High Polymers) **25** (1968) 279, S. 425–430 (jap.; engl. Zusammenfass.).

Wooster, Ch. B.: Anomale Polymerisationsmechanismen. I. „Dead-end“-Polymerisation von Acrylsäure in wäßriger Lösung. Macromoecules, Washington **1** (1968) 4, S. 324–328.

Baroni, E. E., Karvonopulo, V. N., Kovyrzina, K. A., Kursanova, N. S.: Polykondensation von halogensubstituierten Arylverbindungen mit Salzen zweiwertiger Phenole. Vysokomol. Soed. (Hochmol. Verbind.) **10** B (1968) 10, S. 736–739.

Gavrilov, V. V., Kosjakov, V. I.: Durch einen photoreduzierenden Farbstoff sensibilisierte Photopolymerisation von Methylmethacrylat. Vysokomol. Soed. (Hochmol. Verbind.) **10** A (1968) 10, S. 2211–2215.

Ishibashi, H.: Photoinduzierte Pfropfpolymerisation von Styrol auf Polyamid 6. III. Einfluß der Lösungsmittels und der Bestrahlungstemperatur. Kobunshi Kagaku, Tokyo (Chem. High Polymers) **25** (1968) 280, S. 481 bis 489 (jap.; engl. Zusammenfass.).

Iwakura, Y., Nabeya, A., Nishiguchi, T.: 1,5-Polymerisation von 1-Thioacylaziridinen. J. Polymer Sci. ,A–1: Polymer Chem. **6** (1968) 9, S. 2591–2609.

Nakayama, Y., Hayashi, K., Okamura, S.: Copolymerisation von Phenanthren und Maleinsäureanhydrid. J. Polymer Sci., A–1: Polymer Chem. **6** (1968) 8, S. 2418–2420.

Kitahama, Y.: Polymerisation von 2,5-Dimethyl-3,4-dihydro-2H-pyran-2-carboxyaldehyd (Methacroleindimeres). Teil II. J. Polymer Sci., A–1: Polymer Chem. **6** (1968) 8, S. 2309–2316.

Katz, D., Relis, J.: Freiradikal-Copolymerisation von 9-Vinylanthracen. J. Polymer Sci., A–1: Polymer Chem. **6** (1968) 8, S. 2079–2083.

Furuhashi, A., Mukozaka, H., Matsuo, H.: Strahlungsinduzierte Pfropfcopolymerisation von Butadien auf Polyäthylen durch eingefangene Freiradikale. J. appl. Polymer Sci. **12** (1968) 10, S. 2201–2212.

Imrišová, D., Maryška, S.: Untersuchung der strahlungsinduzierten Pfropfpolymerisation von Vinylmonomeren auf Cellulose durch IR-Spektroskopie. II. Cellulose/Polystyrol-Copolymere. J. appl. Polymer Sci. **12** (1968) 9, S. 2007–2011.

Skoblikova, V. I., Passova, S. S., Babickij, B. D., Kormer, V. A.: Polymerisation von Butadien-1,3 in Gegenwart molybdänhaltiger Katalysatoren. Vysokomol. Soed. (Hochmol. Verbind.) **10** B (1968) 8, S. 590–591.

Sonderfragen

Ramsley, A. O.: Infrarot-Fluoreszenz von Farbstoffen. Amer. Dyestuff Rep. **57** (1968) 17, S. 25–29.

II. Faserstoffe. Ausgangsstoffe. usw.

Naturfaserstoffe

Pflanzliche Faserstoffe

Die Baumwollindustrie aus weltweiter Sicht. Internat. Dyer, Textile Printer, Bleacher, Finisher **140** (1968) 8, S. 534–536.

Gavrilov, V. G., Sumetov, V. A.: Relative Trocknungsgeschwindigkeit von nassen Faserstoffen, die nach der chemischen Behandlung von Flachsbast erhalten wurden. Izv. vyssich uč. Technol. tekstil. Prom. (Hochschulnachr. Technol. Textil-Ind.) (1968) 4, S. 40–43.

Tierische Faserstoffe

Asquith, R. S., Miró, P., Dominguez, J. J. Garcia: Löslichkeitstests von Wolle in Beziehung zu dem Lanthionin- und Lysinoalanin-Gehalt. Textile Res. **38** (1968) 10, S. 1057–1061.

Chemiefaserstoffe

Hopff, H.: Die Entwicklung der Chemiefasern — Rückblick und Ausblick. Lenzinger Ber., Lenzing/Österr. (1968) 26, S. 7–20.

den Hoedt, G.: Verstärkungs-Gewebe für Bitumen-Straßen, Textile Inst. Ind. **6** (1968) 11, S. 299–303.

Cellulose und Zellstoff

Farkaš, J., Gajdoš, J.: Mischaufschluß von Birken- und Kiefernholz nach dem Sulfatverfahren. Papir a Celulóza, Praha **23** (1968) 10, S. 255–258.

Barinov, P. G., Zatekin, N. A.: Cellulosebleiche nach dem Redoxpotential. Bumaž. Prom. (Papier-Ind.) (1968) 11, S. 6–9.

Izumrudova, T. V., Parašina, F. I., Šorygina, N. N., Dem'janova, E. A.: Modifizierung von Sulfitablaugen durch Chlorierung. Bumaž. Prom. (Papier-Ind.) (1968) 11, S. 3–4.

Regeneratfaserstoffe

Bolotnikova, L. S., Samsonova, T. I., Danilov, S. N., Frenkel, S. Ja.: Regeneratcellulosefaserstoffe und -folien aus Lösungen von Cellulose in Cadoxen. Ž. prikl. Chimii (Z. angew. Chemie) **41** (1968) 10, S. 2281–2286.

Storp, K.: Sulfosorbon-Verfahren zur Viskoseabluftreinigung als einstufige Aktivkohleanlage unter Gewinnung von Schwefelkohlenstoff und Schwefel. Chemiefasern **18** (1968) 12, S. 956–958.

Synthetische Faserstoffe

Hamana, I.: Der Verlauf der Fadenbildung beim Schmelzspinnen. Lenzinger Ber., Lenzing/Österr. (1968) 26, S. 118–132.

Bulik, St., Kielbasinki, W., Rybicki, Z., Albrecht, K.: Untersuchung der Fadenbildung aus Schmelzen. Teil I. Luftströmungen im Spinnschacht und Ungleichmäßigkeit der Feinheit der Polycaproamidseide. Polimery, Warszawa **13** (1958) 8, S. 367–369.

Kraft: Eigenschaften von Polyamid 12 und Anwendungsmöglichkeiten. Chem. Ind., Düsseldorf **20** (1968) 11, S. 783–791.

Peuker, H.: Herstellung, Weiterverarbeitung und Verwendung sowie einige Entwicklungstendenzen von Flach- und Splitfäden auf Polyolefinbasis. Lenzinger Ber. Lenzing/Österr. (1968) 26, S. 133–149.

Neue Bikonstituentfaser der Fa. Allied Chemical. Internat. Dyer, Textile Printer, Bleacher, Finisher **140** (1968) 6, S. 378.

Koch, P.-A.: Polyurethan-Elastomerfasern. Textilveredlung, Weinfelden/Schweiz **3** (1968) 11, S. 663–673.

Ausgangsstoffe. Schaumstoffe. Kautschuk

Petrov, E. A.: Tarakanov, O. G.: Emulgiervermögen von Tensiden bei der Herstellung von Polyurethan-Schaum. Ž. prikl. Chimii (Z. angew. Chemie) **41** (1968) 10, S. 2224–2228.

Petrov, E. A., Tarakanov, O. G.: Initiierung der Entstehung von Schaumbläschen in Polyurethanen. Ž. prikl. Chimii (Z. angew. Chemie) **41** (1968) 10, S. 2228–2233.

Müller, H.-D.: Das Verstärken von Preßmassen mit Chemiefasern. Kunststoffe **58** (1968) 11, S. 777–781.

III. Fäden-Herstellungstechnologien

Spinnerei. Zwirnerei

Spinnereivorbereitung

Hinweise für das Einmischen von Streckenbändern. Spinner, Weber, Textilveredlung **86** (1968) 11, S. 1023–1024.

Kocsis, J., Schmalz, J.: Streckverfahren und Streckwerke der Streichgarnspinnerei. II. u. III. Teil. Magyar Textiltechn. **20** (1968) 10, S. 551–552; 11, S. 621–624.

Horváth, J.: Längenklassifizierung und Reinigung der Individualfasern auf den Woll-Kammaschinen. Magyar Textiltechn. **20** (1968) 10, S. 553 bis 554.

Sipnnerei

Offene Fragen zum Offen-End-Spinnen. Spinner, Weber, Textilveredlung **86** (1968) 11, S. 1015–1016.

Morozov, S. V., Šal'kin, N. D.: Näherungsverfahren zur Bestimmung der Windungsgeschwindigkeit der Fasern. Izv. vysšich uč. Zav. Technol. tekstil. Prom. (Hochschulnachr. Technol. Textil-Ind.) (1968) 4, S. 138 bis 142.

Lebedeu, A.: Beobachtungen bezüglich der wirtschaftlichen Ausnutzung der Produktionskapazität bei der Verspinnung von Zellwolle. Ind. textilă, Bucureşti **19** (1968) 10, S. 618–619.

Erzeugnisse der Spinnerei und Zwirnerei

Wie ein kleines Familienunternehmen die Garnproduktion in drei Jahren um 55% steigerte. Textile World **118** (1968) 10, S. 66–69.

Duch, G., Schlimper, D.: Nähzwirnentwicklung in der DDR — II. Bekleid. u. Maschenware **7** (1968) 5, S. 200–202.

Mehrfarbige Teppichgarne. Internat. Dyer, Textile Printer, Bleacher, Finisher **140** (1968) 6, S. 368, 390.

Ehrlich, G.: Herstellung und Eigenschaften von Hochdruckpressenfäden. Studie über den Einsatz von Viskoseseide. Techn. Textilien **11** (1968) 5, S. 113–119.

Lennox-Kerr, P.: Elementenspinnen: Der Stand von heute. Textile Ind. **132** (1968) 9, S. 166–171.

Texturfäden

Smirnov, L. S., Šavljuk, V. N.: Fehler von Hochbauschseide Gofron. Izv. vysšich uč. Zav. Technol. legkoj Prom. (Hochschulnachr. Technol. Leichtind.) (1968) 5, S. 32–34.

Ferretti, G.: Polyamid-6-Texturfäden mit Falschdraht. Teil II. Untersuchung der dynamisch-elastischen Eigenschaften. Teil III. Untersuchung der „effektiven Temperatur der thermischen Fixierung“. Ricerca Doc. tessile, Milano (Textilforsch. u. -dok.) **5** (1968) 1, S. 1–9; 2, S. 64–68.

Kern/Mantel-Fäden

Murin, E. B.: Verfahren zur Bestimmung der Anhaftfestigkeit der Faserstoffe der äußeren Schicht an den Kern in zweischichtigen Fäden. Izv. vysšich uč. Zav. Technol. tekstil. Prom. (Hochschulnachr. Technol. Textil-Ind.) (1968) 4, S. 27–29.

IV. Flächengebilde-Herstellungstechnologien

Kullrich, H.: Wirken und Stricken aus der Sicht des Webers. IV. Die Maschenware im Rahmen der Herstellung textiler Flächenerzeugnisse. Z ges. Textilind. **70** (1968) 11, S. 812–816.

Kettengewirkte Teppiche. Textile Month (1968) 9, S. 82, 84, 86.

Materialvorbereitung

Griese, H., Hobe, S.: Untersuchungen zur Verbesserung des Fadenlaufes beim Zetteln und Schären von Leinengarnen. Teil II. Melliand Textilber. **49** (1968) 11, S. 1267–1275.

Chadwick, G. E.: Vermeidung von Störungen beim Hochleistungsabspulen der aus Ringhülsen gebildeten Kopse. Textile Month (1968) 9, S. 62–64.

Weberei-Technologie

Macovei, M.: Methoden und Gesichtspunkte der Schätzung des technischen Niveaus moderner Webereivorbereitungsmaschinen. Ind. textilă, București **19** (1968) 6, S. 346–351.

Băcanu, M., Călin, L., Stanciuc, C.: Die Perspektive einer wirtschaftlichen Technologie in der Weberei. Ind, textilă, București **19** (1968) 10, S. 599 bis 601.

Götz, H.: Das Webriet und seine Funktionen. Spinner, Weber, Textilveredlung **86** (1968) 11, S. 1025–1026.

Dudgeon, J. L.: Geplante Instandhaltung der Webmaschinen. Textile Inst. Ind. **6** (1968) 11, S. 306–308.

Kirchenberger, H.: Wirtschaftliche Erwägungen in bezug auf die Reorganisierung von Baumwollwebereien. Magyar Textiltechn. **20** (1968) 10, S. 555–559.

Lazurek, J., Klopolowski, W.: Technische und wirtschaftliche Probleme der neuen Webverfahren. Technik włókienn. (Textiltechn.) **17** (1968) 10, S. 300–306.

Melling, K. G.: Anknüpfen und Einziehen von Poly-Propylen-Streifen. Textile Inst. Ind. **6** (1968) 11, S. 295–298.

Fallaw, D. C., Kelaart, K. I. M.: Der Teppich als ein Fußbodenbelag. Teil I u. II. Textile J. Australia **43** (1968) 8, S. 81–90; 9, S. 51–54, 57, 58.

Wirkerei und Strickerei. Konfektionstechnik. Sonstige Technologien

Parzeczewski, W.: Spezialisierung in der Trikotagenindustrie der Welt. Technik włókienn. (Textiltechn.) **17** (1968) 10, S. 309–311.

Erzeugnisse der Wirkerei und Strickerei

27,2 t Rundstrickwaren pro Tag. Textile World **118** (1968) 10, S. 106–108.

Darlington, K. D.: Prinzipien des Entwurfs von kettengewirktem Kleiderstoff. Teil 2. Hosiery Trade J. **75** (1968) 897, S. 115–120.

Konfektion

Kučerjaryj, N. V.: Analyse der Größencharakteristiken der Figur des Menschen. Mitt. 1. Zur Herstellung von Modellen für Herrenfiguren mit typischem Körperbau. Izv. vysšich uč. Zav. Technol. legkoj Prom. (Hochschulnachr. Technol. Leichtind.) (1968) 5, S. 110–114.

Kovács, J.: Entwicklungsergebnisse und Zielsetzungen in der Fertigung von Konfektionsmaschinen. Magyar Textiltechn. **20** (1968) 10, S. 572 bis 577.

Fadenverbundstoffe

Burnip, M. S.: Die Wirtschaftlichkeit von Nähwirkstoffen. Textile Month (1968) 8, S. 46–48.

Pirkl, K.: Gegenwärtiger Stand, Entwicklung und Anwendungsgebiete der Arachne-Textilien. Chemiefasern **18** (1968) 12, S. 948–952.

Schichtstoffe

Tuftedteppiche: Die Aussicht des Einzelhändlers. Textile Month (1968) 9, S. 110, 113.

Teppichdruck: ein Neuland. Textile World **118** (1968) 10, S. 102–103.

Die Appretur macht den Teppich. Textile World **118** (1968) 10, S. 98–99.

V. Textilveredlung

Gibbon, J. E.: Im technischen Zentrum enthüllte Forschungspläne. Hosiery Trade J. **75** (1968) 987, S. 98–100.

Farbstoffe. Textilhilfsmittel

Hallas, G.: Die Farbe von organischen Verbindungen: Anwendung des Verfahrens der gestörten Elektronenbahn. J. Soc. Dyers Colourists **84** (1968) 10, S. 510–516.

Waschmittel: Stärke übertrifft NTA, STPP. Chem. engng. News **46** (1968) 47, S. 16.

Bleicherei. Sonstige Vorbehandlungsarbeiten der Textilveredlung

Baumgarte, U.: Chemische Vorgänge bei der Vorbehandlung von Textilgut. Teil II. Melliand Textilber. **49** (1968) 11, S. 1306–1312.

Färberei

Lewis, D. M., Seltzer, I.: Klotz-Verweil-Färbeverfahren für Wolle mit Reaktivfarbstoffen. J. Soc. Dyers Colourists **84** (1968) 10, S. 501–507.

Mauri, L., Montagut, J.: Praxis des Färbens von Synthesefaserstoffen und Gemischen unter Anwendung des Thermosol- und Klotzdämpfverfahrens. Galaxia, Buenos Aires (1968) 20, S. 44–51. (span.)

Kern, R., Kißling, B., Herlant, M.: Dispersionsfarbstoffe im Thermosolverfahren; ihr Verhalten als Einzelfarbstoffe und in Kombination auf Polyester-Mischgeweben. Textilveredlung, Weinfelden/Schweiz **3** (1968) 11, S. 595–606.

Rutley, R. O.: Färben von Modacrylfaserstoffen. Internat. Dyer, Textile Printer, Bleacher, Finisher **140** (1968) 7, S. 453–454.

Senner, P.: Die Behandlung von Garn-Wickelkörpern. Teil 2. Textil-Praxis **23** (1968) 11, S. 777–779.

Druckerei

Beschreibung neuer Druckverfahren. Internat. Dyer, Textile Printer, Bleacher, Finisher **140** (1968) 9, S. 600, 602, 603.

Suchecki, St. M.: Die Lage für den Rotationsfilmdruck. Textile Ind. **132** (1968) 9, S. 84, 86, 88, 92, 94, 96, 98, 102.

Castle Creeks Rezeptur. Textile Ind. **132** (1968) 9, S. 104, 106, 108, 110.

Ausrüstung. Trockunng

Martinez, D.: Entschlichten der Gemische von synthetischen und Cellulosefaserstoffen. Galaxia, Buenos Aires (1968) 20, S. 34–36, 38–39 (span.).

Waschleichte Textilien durch Soil-Release-Ausrüstung. Spinner, Weber, Textilveredlung **86** (1968) 11, S. 1016–1017.

Easton, B. K., Villiers, R. F.: Kontinuierliches Krumpffreimachen von wollener Stückware in breitem Zustand mit Natriumdichlorisocyanurat. Amer. Dyestuff Rep. **57** (1968) 14, S. 30–35.

Krylova, L. A., Ignatova, L. P.: Ausnutzung der Strukturbesonderheiten von kettengewirkten plattierten Bindungen zur Verbesserung der Eigenschaften von Trikotstoffen aus Triacetatseide. Izv. vysšich uč. Technol. legkoj Prom. (Hochschulnachr. Technol. Leichtind.) (1968) 5, S. 131 bis 133.

Wäscherei. Chemische Reinigung

Ullmann, C.: Mietwäschedienst für Berufskleidung – erprobt und für gut befunden. Textilreinigung, Leipzig, **16** (1969) 1, S. 26–28.

Kaesler, K. P.: Zur Anwendung des Fluorchlorkohlenwasserstoffs R-11 in der Chemischreinigung. Chemischreiniger u. Färber/Färber-Ztg. **21** (1968) 12, S. 626–628.

VI. Werkstoffprüfung. Meß- und Prüftechnik. Standardisierung

Dumitru, C.: Qualitätskontrolle der Strümpfe vom Standpunkt der Bequemlichkeit beim Tragen. Ind. Textila, București **19** (1968) 10, S. 602 bis 603.

Eigenschaften und Fehler der Textilmaterialien u. a.

Brysson, R. J., Trask, B. J., Cooper, A. S.: Die Dauerhaftigkeit von Baumwolltextilien: Die Wirkung der Aussetzung in verschmutzter Luft. Amer. Dyestuff Rep. **57** (1968) 14, S. 15–20.

Rusznák, I., György, L.: Die Kinetik der Säurehydrolyse von Polyamid-6-Faserstoffen. Kolor. Ertesitö, Budapest (Kolor. Rdsch.) **10** (1968) 9/10, S. 226–234.

Popov, B. G., Taubkin, I. S.: Beurteilung der Entzündungsgefahr von pulverförmigen Plasten durch Funkentladungen statischer Elektrizität. Plast. Massy, Moskva (Plast. Massen) (1968) 10, S. 63–65.

Shimizu, H., Nishide, S., Shinozaki, Y.: Physikalische Eigenschaften von mit Silicon gepfropften Baumwollgeweben. Seni Gakkaishi (J. Soc. Fiber Sci. Technol.) **24** (1968) 8, S. 361–365 (jap.; engl. Zusammenfass.).

Herzog, W.: Zusammenhang zwischen Fasereigenschaften und Eigenschaften der Fertigprodukte. Lenzinger Ber., Lenzing/Österr. (1968) 26, S. 44–60.

Abbott, N. J., Temin, S. C., Park, Ch.: Das Kraft-Dehnungsverhalten der Wolle in verschiedenen Quellmitteln. Textile Res. J. **38** (1968) 10, S. 1026 bis 1039.

Blanchard, E. J., Harper, R. J., Gautreaux, G. A., Reid, D. J.: Verbesserte Scheuerfestigkeit von Baumwollgewebe mit Durable-Press-Ausrüstung durch Einstufenbehandlung mit Polyurethan. Amer. Dyestuff Rep. **57** (1968) 17, S. 24.

Looney, F. S.: Der Beitrag von Stoffkonstruktionsvariablen und Polyesterfasergehalt zur Dauerhaftigkeit von Hosen mit Durable-Press-Ausrüstung. Amer. Dyestuff Rep. **57** (1968) 16, S. 37–40.

Meß- und Prüftechnik

Ledwoch, K.-D.: Die Analyse und Prüfung von Kunststoffen in der Zeitschriften-Literatur des Jahres 1967. Kunststoff-Rdsch. **15** (1968) 11, S. 549–556.

Sonntag, F.: Pyrolyse und Gas-Chromatographie der Pyrolyseprodukte von Polymeren. Ein experimenteller Vergleich verschiedener Techniken. I. Fette, Seifen, Anstrichmittel/Ernährungsind. **70** (1968) 4, S. 256 bis 265.

Huston, C. A., Stout, E. E.: Stretchprüfungsmessungen von Mustern von verschiedener Länge und verschiedenen Stretcheigenschaften. Amer. Dyestuff Rep. **57** (1968) 17, S. 20–23.

Mayer, D.: Biegesteifigkeit von textilen Materialien in Abhängigkeit von der Temperatur und der relativen Luftfeuchtigkeit. 4. Teil. Textil-Praxis **23** (1968) 8, S. 522–526.

Viertel, L., Ruiz, R., Sánchez, R., Barella, A.: Vergleichende Untersuchung der mittels des „Digital-Fibrograph“ und Kammgeräten bestimmten Längenparameter von Baumwolle. 2. Teil. Invest. Inform. textil. Barcelona **11** (1968) 3, S. 383–396.

Frughelman, M.: Eine Bemerkung über das Erholungsvermögen der mechanischen Eigenschaften von Wollfasern. J. Text. Inst. **59** (1968) 11, S. 548–550.

VII. Betriebstechnik. Ökonomie. Tagungsberichte und dgl.. Sonderfragen

Betriebstechnik

Gendriesch, H.: Ermittlung des Ersatzzeitpunktes von Maschinen mit Hilfe mathematisch-analytischer Methoden. Ind. Organis., Zürich **37** (1968) 11, S. 659–664.

Rozkydálek, J.: Eine Methode zur Bestimmung der Entwässerung des Filterkuchens. Chem. Technik **20** (1968) 12, S. 729–732.

Stolzenberg, K.: Die Berechnung der Leuchtdichte in Innenräumen. Lichttechnik **20** (1968) 11, S. 133 A–137 A.

Ökonomie

Dittmann, W.: Prognostische Einschätzung über Entwicklung und zukünftiges Angebot textiler Faserstoffe und daraus hergestellter Flächengebilde. Textilreinigung, Leipzig **16** (1969) 1, S. 10–15.

Langen, W.: Wege zu besserem Kostendenken. Textil-Praxis **23** (1968) 11, S. 719–720.

Männel, W.: Betriebliche Preisanalysen, aber wie? Wirtschaft, Ausg. A **23** (1968) 50, S. 14.

Hohmann, E.: Die Platzkalkulation – ein neuzeitliches Kalkulationsverfahren. ZwF. Z. wirtsch. Fertigung **63** (1968) 11, S. 570–571.

Gröger, C.: Netzplantechnik als moderne Planungs- und Leitungsmethode. Wirtschaft, Ausg. A **23** (1968) 49, S. 4.

Hauri, H.: Das neue System der Leistungsbewertung. Ind. Organis., Zürich **37** (1968) 11, S. 623–633.

Chemiefaser-Erzeugung in den Ländern der EWG 1965 bis 1967 (in 1000 t). Kautschuk, Gummi, Kunststoffe **21** (1968) 12, S. 725.

Wichtige Tatsachen über die italienische Textilmaschinenindustrie. Textile J. Australia **43** (1968) 9, S. 11, 15.

Sonderfragen

Staatspolitische Aufgaben im Bereich naturwissenschaftlich-technischer Bildung. VDI-Z. **110** (1968) 33, S. 1461–1485.

Spiess, F.: Der Schutzumfang chemischer Stoffpatente im Rahmen des Schutzes der verschiedenen Kategorien chemischer Patente. Chemie-Ing.-Techn. **40** (1968) 21/22, S. 1127–1132.

Das Internationale Wollsekretariat (IWS) eröffnet technisches Zentrum für die Wollindustrie der ganzen Welt. Norsk Tekstiltid. (1968) 9, S. 33 bis 34